食品事業者のための

次亜塩素酸の基礎と利用技術

福﨑智司【著】

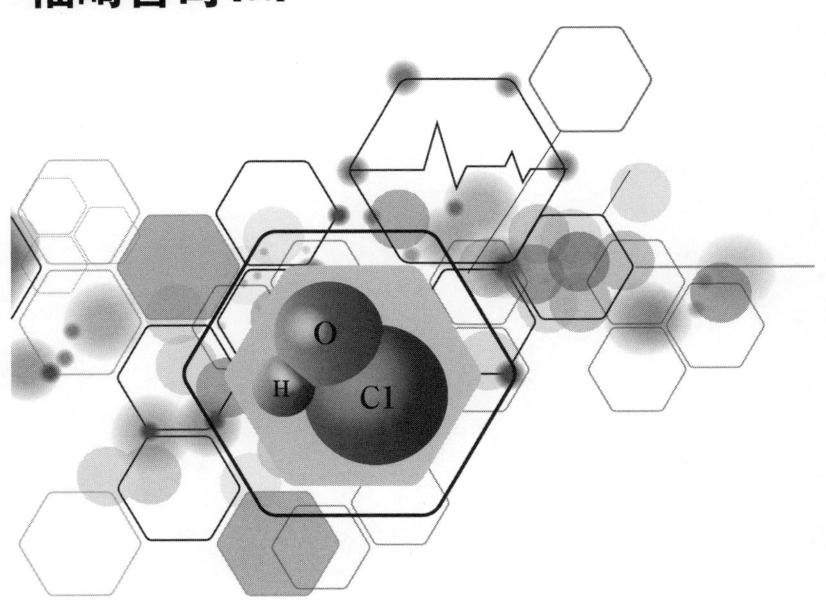

幸書房

発刊にあたって

次亜塩素酸は，1800年代の半ばから使用されてきた消毒剤であり，塩素消毒の活性因子として知られている．次亜塩素酸が使用され始めた当時は，塩素水という名称で産婦人科医の手指消毒に用いられ，産褥熱で死亡する患者数を減少させたことでその効果が初めて確認されたという歴史がある．次亜塩素酸のすべての始まりは，「手指消毒に効果あり！」であった．その後，次亜塩素酸の利用は塩素消毒という名称で産業界や一般社会へと普及した．現在では，工業製品としては次亜塩素酸ナトリウム，高度さらし粉，塩素化イソシアヌル酸ナトリウムなどが流通しており，家庭用の漂白剤，赤ちゃん用品の消毒剤，浴室用のカビ取り剤，配管洗浄剤などの主成分として幅広く使用されている．

塩素消毒の代表例は，水道水の消毒である．遊離残留塩素濃度（水道栓で0.1～1.0 ppm）を適切に管理すれば，各種の微生物に対しては殺菌および静菌効果を示す一方で，人の健康には無害である．蛇口をひねれば直接飲める衛生的な水を支えているのは次亜塩素酸なのである．現在，水道水の塩素消毒に用いられる全遊離有効塩素量のうち，塩素ガス（水溶液中で次亜塩素酸に変換）は3%程度であり，残りの97%は安定性が高く取り扱いが容易な次亜塩素酸ナトリウムである．次亜塩素酸は，酸化力が強い反応性に富んだ物質であるが，水溶液が密封状態で冷暗所に保管されていれば本来は比較的安定な物質である．それゆえ，水道栓まで一定の遊離残留塩素濃度を維持することができる．さらに，次亜塩素酸は遊泳用プールの消毒にも用いられており（遊離残留塩素濃度：0.4～1.0 ppm），人体に由来する微生物による感染を防止している．

食品産業では，従来から次亜塩素酸ナトリウムが洗浄，殺菌，漂白，脱臭操作に幅広く用いられてきた．処理対象は，食品製造設備，機器，器具類，食材，用水，廃水，臭気ガスなど多岐にわたる．現在では，次亜塩素酸ナトリウムや高度さらし粉の希釈水溶液に加え，電気分解で調製した次亜塩素酸水（強酸性，弱酸性，微酸性）や電解次亜水（アルカリ性），次亜塩素酸ナトリウム水溶液に酸性溶液や炭酸ガスを機械で混合して安全に調製した弱酸性次亜水がある．これらの水溶液の主たる活性因子はいずれも次亜塩素酸であるが，各水溶液の pH の違いにより洗浄，殺菌，漂白，脱臭の作用効果は大きく異なる．これは，次亜塩素酸（HOCl）の解離度が水溶液の pH に依存して変化するためである．

また，従来の次亜塩素酸水溶液の使用対象は設備・機器・食材などの「モノ」であったが，最近では浮遊菌・落下菌そして付着菌対策として「室内空間」を対象とした微生物制御法も普及し始めている．これは，希薄な次亜塩素酸水溶液を微細粒子状で噴霧する方法と気体状次亜塩素酸を放散させる方法に大別される．すでに多くの学術・応用研究が日本を中心に行われており，各現場で実用化が進行している段階にある．

ところで，本書が発行される 2021 年は HACCP（Hazard Analysis and Critical Control Point）制度が適用される年度である．食品事業者は，一般衛生管理に加えて，業種や規模に応じて「HACCP に基づく衛生管理」または「HACCP の考え方を取り入れた衛生管理」のいずれかの衛生管理を実施する必要がある．食品製造現場において，HACCP システムを適切に運用し衛生的な環境を維持するためには，洗浄・殺菌技術が重要な役割を果たすことは言うまでもない．次亜塩素酸水溶液は，洗浄・殺菌操作に有効な衛生資材の一つであるが，やみくもに使用しても有効な使用効果は得られない．次亜塩素酸の作用効果を最大限に引き出すためには，次亜塩素酸の特性を十分に理解する必要がある．

第 1 章では，次亜塩素酸の基礎として，次亜塩素酸（製品）の生成機構，化学的特性，遊離塩素，結合塩素，有効塩素の定義，そして有効塩素濃度の測定方法を解説した．

第 2 章から第 5 章までは，次亜塩素酸を水溶液として用いることを前提として，各種微生物に対する殺菌・不活化機序，付着汚れに対する洗浄機序，高分子材料への浸透と脱臭・脱色機序を解説するとともに，カット野菜の洗浄・殺菌操作の効率化について考察した．

第 6 章から第 8 章までは，室内空間における次亜塩素酸水溶液の微細噴霧粒子および揮発した気体状次亜塩素酸の微生物制御への利用を前提に，次亜塩素酸の安全基準，安全性試験の事例，室内空間における次亜塩素酸の測定事例を紹介した．そして，次亜塩素酸水溶液の超音波霧化噴霧および強制通風気化式次亜塩素酸放散システムの有効性と安全性について解説した．

第 9 章では，最新の知見として，シリコーンゴムに対する次亜塩素酸の透過挙動およびゴム壁を透過した次亜塩素酸の液相中および気相中での殺菌・漂白作用および食物アレルゲン（タンパク質）の不活化作用を紹介した．実際の現場では，水溶液を使用できない環境や対象物も多く，ドライ環境での新たな次亜塩素酸供給技術としての可能性を述べた．

第10章では，種々のpHの次亜塩素酸水溶液によるステンレス鋼の局部腐食，エチレンプロピレンゴム（EPDM）内部への次亜塩素酸の浸透と劣化，そして不織布素材との反応性について解説した．

本書では，次亜塩素酸系資材を取り扱う現場において食品事業者が理解しておくべき基礎知識（理論）と利用事例（実際）を中心に解説した．次亜塩素酸水溶液の利用においては，先ずは作用機序および安全性に関する正しい知識を持つこと，その上でどのようなシステムで活用するかがポイントである．すなわち，次亜塩素酸の利用技術にはサイエンスとエンジニアリングの融合が不可欠なのである．

本書では，製造方法を問わず，次亜塩素酸を含む水溶液を「次亜塩素酸水溶液」と総称することとした（一部，固有名詞を使用）．また，液相中および気相中の次亜塩素酸の濃度を各々mg/Lおよびppb（またはppm）で表記した．経験の浅い若手研究者・技術者の方にも理解しやすいように，図表を多用し，平易な用語で記述した．

最後に，本書の出版の機会を提供していただいた，幸書房の夏野雅博氏に厚く御礼を申し上げたい．

2021年3月

福﨑智司

目　　次

第1章　次亜塩素酸の基礎

塩素ガスを水に溶解させると，塩素分子（Cl_2）の加水分解が起こり次亜塩素酸（HOCl）が生成する．塩素ガスを水酸化ナトリウムや水酸化カルシウム（消石灰）水溶液に溶解させると，液体状（次亜塩素酸ナトリウム）および固体状（次亜塩素酸カルシウム）の次亜塩素酸塩が生成する．次亜塩素酸の特徴は，酸化剤であり弱酸であることに代表される．そして，水溶液中における次亜塩素酸分子の挙動は，pHと濃度，窒素化合物の存在など，種々の因子によって影響を受ける．また，次亜塩素酸は白血球の一種である好中球においても生産され，ヒトの体内に侵入した病原菌を殺菌する生体防御機構の働きを持つ．

1.1　次亜塩素酸の生成

1.1.1　塩素分子の加水分解

塩素の加水分解は，塩素ガス（$Cl_{2(g)}$）が水に溶解して溶存塩素（$Cl_{2(aq)}$）となり，溶存塩素が水分子（H_2O）と反応して次亜塩素酸（HOCl）と塩酸（HCl）を生成する2段階の反応で進行する．

$$Cl_{2(g)} \rightleftharpoons Cl_{2(aq)} \qquad (1.1)$$

$$Cl_{2(aq)} + H_2O \rightleftharpoons HOCl + H^+ + Cl^- \qquad (1.2)$$

上記の反応からわかるように，次亜塩素酸（HOCl）は水分子の1つの水素（H）が塩素（Cl）に置換された物質である（**図1.1**）．次亜塩素酸の分子量は52.46 g/mol，水易溶性で透明な水溶液となる．次亜塩素酸は，水分子と類似の構造を持ち，O－Cl距離は0.169 nm，O－H距離は0.097 nm，∠HOClは104.8°である[1]．

Cl_2の加水分解（1.2式）は，$Cl_{2(aq)}$の濃度が一定であれば温度とともに反応速度は増加する[2]．しかし，Cl_2の溶解（1.1式）は発熱反応であり，反応が進

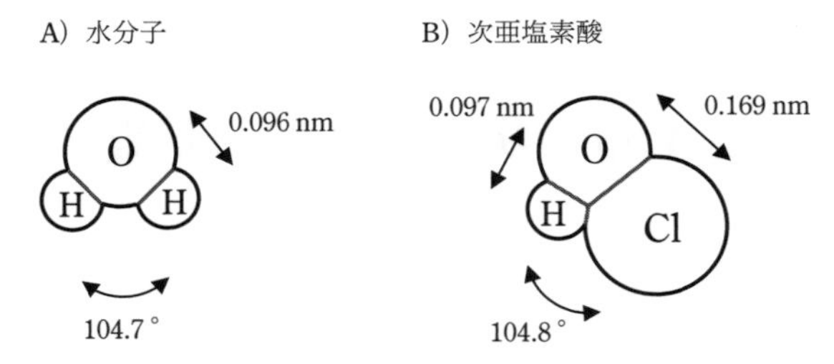

図 1.1 水分子と次亜塩素酸分子の構造

行すると水溶液の温度が上昇するとともにHClの生成により水溶液のpHが低下する．その結果，(1.1) 式が律速となるため，系全体でのCl_2の加水分解反応速度は減少する．(1.1) 式を律速にさせないためには，Cl_2を溶解させる水の温度を低く維持するか，pHを高く維持する必要がある．

1.1.2 電気分解

陽極と陰極を仕切る隔膜のある電解槽に食塩水を入れて電気分解をすると，陽極ではCl^-が酸化されて塩素 ($Cl_{2(g)}$) が発生し (1.3 式)，これが水に溶解して溶存塩素 ($Cl_{2(aq)}$) となる．この溶存塩素が，(1.2) 式と同様にH_2Oと反応して次亜塩素酸 (HOCl) と塩酸 (HCl) が生成する．この陽極での反応もHClの生成によりpHが低下するため，酸性の次亜塩素酸含有水溶液が生成する(酸性電解水)．

$$2Cl^- \longrightarrow Cl_{2(g)} + 2e^- \qquad (1.3)$$

一方，陰極側では，イオン化傾向の大きいナトリウムイオン (Na^+) は還元されず，水分子が還元されて水素 (H_2) と水酸化物イオン (OH^-) が生成する(アルカリ性電解水)．

$$2H_2O + 2e^- \longrightarrow H_2 + 2OH^- \qquad (1.4)$$

無隔膜式電解槽にて希薄食塩水を電気分解すると，陽極と陰極での反応生成物が混和し (1.2 式～1.4 式)，次亜塩素酸を含有する弱アルカリ性の電解次亜水が生成する．

$$Cl^- + 2H_2O \longrightarrow HOCl + H_2 + OH^- \qquad (1.5)$$

1.1.3　次亜塩素酸ナトリウム

次亜塩素酸ナトリウム（NaOCl）は，塩素ガスを高濃度の水酸化ナトリウム（NaOH）水溶液に溶解させて製造される．

$$2NaOH + Cl_2 \longrightarrow NaOCl + NaCl + H_2O \qquad (1.6)$$

(1.6) 式は発熱反応であり，反応の進行とともに反応槽の温度が上昇する．その結果，塩素ガスの溶解効率が低下する．そこで，次亜塩素酸ナトリウムの生成効率を高めるために反応槽を－40℃に冷却して塩素ガスの溶解効率を著しく高めた冷却反応方式で製造される．一般に，市販の次亜塩素酸ナトリウムは，有効塩素濃度（1.3 項参照，p.7）4～12%，pH 12.5～13.5 の強アルカリ性溶液である．主成分は，次亜塩素酸（HOCl）と水酸化ナトリウム（NaOH）であり，強アルカリ性溶液中ではいずれも解離型（イオン型）として存在する．次亜塩素酸ナトリウムの保存性を高めるためには，紫外線に当てない（遮光する）ことが前提であるが，アルカリ性が強い溶液ほど，また低温条件下ほど有効塩素濃度は安定に維持される．

1.1.4　高度さらし粉

さらし粉は，塩素ガスを高濃度の水酸化カルシウム（消石灰：$Ca(OH)_2$）水溶液に溶解させて製造される．

$$2Ca(OH)_2 + 2Cl_2 \longrightarrow Ca(OCl)_2 + CaCl_2 + 2H_2O \qquad (1.7)$$

高度さらし粉は，消石灰を水で濃い乳状にした石灰乳に塩素を溶解させることで得られ，有効塩素含量として 60～70% を含む（1.5 項参照，p.8）．高度さらし粉の主成分は次亜塩素酸カルシウム（$Ca(OCl)_2$）であるが，顆粒状の成形物には副生した塩化カルシウム（$CaCl_2$）と未反応の水酸化カルシウム（$Ca(OH)_2$）が含まれる．そのため，高度さらし粉を水に溶解すると水酸化カルシウムが溶解することでアルカリ性を示す．

$$2Ca(OH)_2 \longrightarrow Ca^{2+} + 2OH^- \qquad (1.8)$$

1.1.5　生体組織

次亜塩素酸は，生体防御機能とも密接に関連している．白血球の一種である好中球は，生体内に微生物などの異物が侵入すると活性化して盛んな遊走性（アメーバ様運動）を示し，微生物に接触して貪食し（食胞の形成），取り込んだ微生物を殺菌する．この主たる殺菌因子が次亜塩素酸である．

活性化した好中球は，NADPHオキシダーゼにより酸素を還元してスーパーオキシド（O_2^-）を生成し，続いてスーパーオキシドジスムターゼ（SOD）によりO_2^-を過酸化水素（H_2O_2）に変換する[3]．

$$NADPH + 2O_2 \longrightarrow NADP^+ + H^+ + 2O_2^- \quad (1.9)$$

$$2O_2^- + 2H^+ \longrightarrow H_2O_2 + O_2 \quad (1.10)$$

さらに，ミエロペルオキシダーゼ（MPO）により，H_2O_2とCl^-から次亜塩素酸を生成する[4]．

$$H_2O_2 + Cl^- + H^+ \longrightarrow HOCl + H_2O \quad (1.11)$$

このような生体機構を理解すると，次亜塩素酸を利用する殺菌操作は，生体の免疫機能を人為的に活用した殺菌法とも言える．

1.2　次亜塩素酸の化学的特性

1.2.1　酸化作用

次亜塩素酸の第一の特性は，酸化作用を示すことである．次亜塩素酸は，水分子（HOH）の1つの水素（H）が塩素（Cl）に置換された物質であり，水分子と同様に電気的に中性の分子（極性あり）である．すなわち，HOCl分子中の塩素原子の酸化数は＋1であり，Cl^+として強い求電子種として作用する[1,5]．本来，塩素の最外殻電子数は7個であり，外部から1個の電子（e^-）を取り入れて化学的に安定な最外殻電子数8個の塩化物イオン（Cl^-）となる．一方，HOCl中のCl原子は酸素に1個の電子を奪われて最外殻電子数は6個となっている．そのため，Cl^+はC=C, C=N, C–N, –NH_2, –NH–, –SHなどの電子密度の高い結合部位（δ^-）を選択的に攻撃することになる．その結果，Cl^+は対象物質から2個の電子（$2e^-$）を奪い，自らCl^-となる過程で殺菌，洗浄，漂白，脱臭などの作用を示す（**図1.2**）．タンパク質は，上記の電子密度の高い結合を分子鎖に持つことから，次亜塩素酸の酸化作用を最も受けやすい物質の一つ

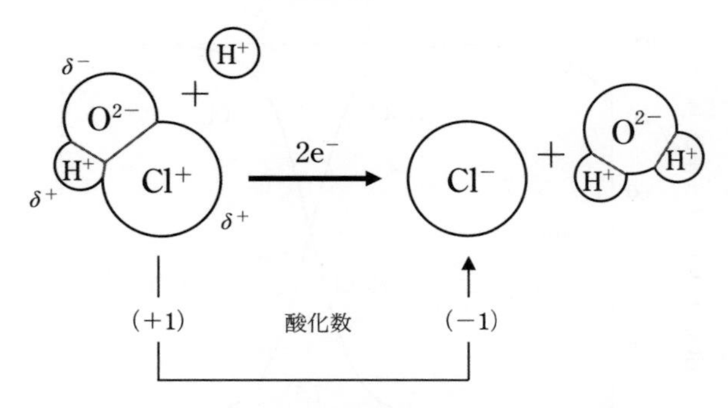

図 1.2 次亜塩素酸分子の酸化反応における塩素の酸化数

である．

この電子を引き抜く反応が酸化であり，その強さが酸化力と呼ばれるものである．次項（1.2.2）で解説する非解離型次亜塩素酸（HOCl）と次亜塩素酸イオン(OCl^-)の標準還元電位（E_0）は，各々1.48V（1.12 式）と 0.81 V（1.13 式）である[6]．

$$HOCl + H^+ + 2e^- \rightleftharpoons Cl^- + H_2O \qquad (1.12)$$

$$OCl^- + H_2O + 2e^- \rightleftharpoons Cl^- + 2OH^- \qquad (1.13)$$

E_0 は，あくまで酸化力の目安であり，実際の反応性は反応基質の荷電状態などで変化する．

1.2.2 解離特性

次亜塩素酸の第二の特性は，弱酸であり，水溶液の pH が高くなるに従って OCl^- と H^+ に解離することである．次亜塩素酸の解離定数（pK_a）は，25℃で約 7.5 である[7]．

$$HOCl \rightleftharpoons OCl^- + H^+ \qquad (1.14)$$

図 1.3 に，次亜塩素酸水溶液の pH 領域によって変化する HOCl と OCl^- の存在割合の関係を示す．通常の使用濃度に希釈された次亜塩素酸ナトリウム水溶液は弱アルカリ性（pH 8〜10）であるため，次亜塩素酸は主として OCl^-

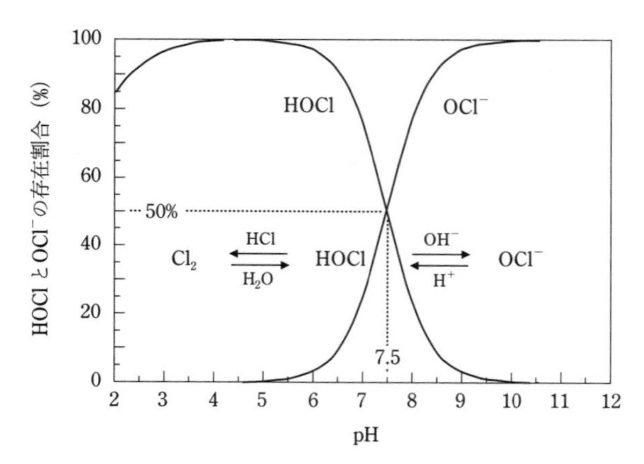

図 1.3　次亜塩素酸の解離特性と pH の関係

として存在する．pH がアルカリ性から酸性側に傾くと，OCl^- は徐々に H^+ が付加されプロトン化して HOCl となる．次亜塩素酸の pK_a は 7.5 であることから，pH 7.5 において HOCl と OCl^- の比率は 1：1 となる．弱酸性領域（pH 4〜6）では，非解離型の HOCl が高割合で存在する．この pH に依存した HOCl と OCl^- の存在割合が，洗浄や殺菌の作用効果を支配している．

さらに pH が酸性側に傾くと，HOCl の一部は溶存塩素（Cl_2）に変化し，未溶解分子は気相中に飛散する．“まぜるな危険”という表記は，この塩素ガス発生の危険を警告するものである．

$$HOCl + H^+ + Cl^- \rightleftharpoons Cl_2 + H_2O \qquad (1.15)$$

1.3　遊離塩素と結合塩素

遊離塩素（Free chlorine）とは，塩素原子（Cl）の酸化数が「0」または「＋1」で，かつ無機・有機窒素と結合していない化学種を意味し，すなわち塩素（Cl_2：酸化数 0）と次亜塩素酸（HOCl：酸化数＋1）を指す[8]．

結合塩素（Combined chlorine）とは，遊離塩素がアンモニア（無機窒素）または有機性窒素化合物と反応して生成したクロラミン種（$-NH_2Cl$, $-NHCl_2$, $-NCl_3$, 塩素化イソシアヌル酸塩など）のように，酸化力を有する塩素化窒素化合物の総称である．

なお，「遊離塩素」という名称は Cl や Cl_2 と混同しやすいことから，次項（1.4）で解説する有効塩素の「有効」という言葉を付けて遊離有効塩素（Free available chlorine；FAC）および結合有効塩素（Combined available chlorine；CAC）とも呼ばれている．そして，遊離有効塩素と結合有効塩素を合わせて全有効塩素（Total available chlorine；TAC），簡便には有効塩素と呼ぶ．本書でも，2 章以降では遊離有効塩素および遊離結合塩素の用語を使用している．

1.4　有効塩素

有効塩素（Available chlorine）とは，塩素（Cl_2）の酸化力と相対比較したときの化学種またはその水溶液が持つ酸化力の“目安”である．専門的には，「有効塩素は，任意量の化学種によりヨウ化カリウム（KI）水溶液から生成されるヨウ素（I_2）量と同等量の I_2 量を生成する塩素（Cl_2）の重量」と定義される[8]．（1.17）式から，1 モルの I_2 を生成するのに必要な Cl_2 は 1 モル（70.91 g）である．有効塩素の濃度は，試料 1 L あたりに含まれる Cl_2 の mg 数で表記される（mg/L as Cl_2）．

$$KI \longrightarrow K^{+} + I^{-} \tag{1.16}$$

$$2I^{-} + Cl_2 \longrightarrow I_2 + 2Cl^{-} \tag{1.17}$$

有効塩素という用語の設定は，以下の理由による[8]．遊離塩素と結合塩素は，各々異なる分子量を持つため，化学種が混在する場合はそれらの濃度を単に重量単位で足し合わせることができない．また，実際に使用する塩素剤の塩素含量は一定ではないし，純度も異なるため，仮に同じ重量で調製した水溶液であっても塩素量は異なる場合がある．一般に，現場の実務者は使い慣れた“mg/L”の単位を好む．このような背景から，化学種の酸化力をそれに相当する塩素（Cl_2）の重量に換算した単位を用いることとした経緯がある．

残留塩素（Residual chlorine）とは，遊離塩素または結合塩素を用いた水の塩素消毒処理などにおいて，処理後に水中に残留する酸化力を相当する塩素（Cl_2）の重量に換算した濃度を意味する．

1.5　有効塩素含量

表 1.1 に，種々の遊離塩素および結合塩素化合物の塩素原子の酸化数と有効塩素含量（重量%）を示す[5]．Cl_2（酸化数：0）は，1モル中に含む有効塩素含量は100%である．HOCl（Cl の酸化数：+1）は，1モルで1モルの I_2 を生成するため（1.20 式参照），HOCl（Molecular weight：MW = 52.46）1モルの有効塩素含量（Cl_2：70.91）は次式で求められる．

$$\text{有効塩素含量(\%)} = (70.91/52.46) \times 100 = 135.2\% \qquad (1.18)$$

$Ca(OCl)_2$（MW：142.986）は，1分子中に2つの Cl（酸化数：+1）を含み，1モルで2モルの I_2 を生成するため，有効塩素含量は次式で求められる．

$$\text{有効塩素含量(\%)} = (70.91 \times 2/142.99) \times 100 = 99.2\% \qquad (1.19)$$

表 1.1　塩素系酸化剤の有効塩素含量[5]

塩素系酸化剤	分子量 MW	Cl 原子の酸化数	有効塩素 mol Cl/mol	有効塩素 %
Cl_2	70.91	0	1	100.0
HOCl	52.46	+1	1	135.2
NaOCl	74.44	+1	1	95.3
$Ca(OCl)_2$	142.99	+1	2	99.2
NH_2Cl	51.48	+1	1	137.7
$NHCl_2$	85.92	+1	2	165.1
NCl_3	120.37	+1	3	176.7

1.6　現場での有効塩素（残留塩素）濃度の測定法

1.6.1　水溶液の有効塩素濃度

水溶液の有効塩素濃度は，ヨウ素滴定法，DPD 比色法，ポーラログラフ法，吸光度法などで測定されている．

1.6.1.1　ヨウ素滴定法

ヨウ素滴定法は，酸化還元反応を利用した滴定法である[9]．たとえば，次亜塩素酸を含む試料に酸を加えて弱酸性にした後，ヨウ化カリウムを加える．次亜塩素酸は，ヨウ素イオン（I^-）を酸化してヨウ素（I_2）に変換する．

$$2I^- + HOCl + H^+ \longrightarrow I_2 + H_2O + Cl^- \quad (1.20)$$

生成した I_2 は，溶液中の I^- と反応して三ヨウ化物イオン（I_3^-）を生成する平衡反応を起こすため，揮発性が弱まるとともに，褐色を呈する．

$$I_2 + I^- \rightleftharpoons I_3^- \quad (1.21)$$

次に，I_3^- を還元剤であるチオ硫酸ナトリウム溶液（$Na_2S_2O_3$）で滴定し，溶液の色が無色になるときの滴下量（モル数）を求める．次亜塩素酸濃度が低い場合は，滴定終了時点を明瞭にするために，デンプンの呈色を利用すると良い．

$$I_2 + 2S_2O_3^{2-} \longrightarrow 2I^- + S_4O_6^{2-} \quad (1.22)$$

ここで，1 モルの I_2 を還元するのに必要な $Na_2S_2O_3$ は 2 モルである．(1.22) 式の還元反応に要した $Na_2S_2O_3$ の滴下量を A モル，試料の容量を B mL とすると，次式から有効塩素を算出する．

$$\text{有効塩素(mg/L)} = A \times (70.91/2) \times 1000/B \quad (1.23)$$

1.6.1.2　DPD 比色法

DPD 比色法は，試料中の遊離塩素（$HOCl/OCl^-$）と *N, N*-ジエチル-*p*-フェニレンジアミン（$DPD_{(amine)}$）を含む試薬との反応で生成する桃色～赤紫色の生成物（Würster dye）の吸光度を測定する方法である（遊離塩素測定試薬）．$DPD_{(amine)}$ が低濃度（～5 mg/L）の遊離塩素と弱酸性～中性付近の pH 付近で反応すれば，Würster dye が主要な酸化生成物となる．一方，高濃度の遊離塩素の場合は，$DPD_{(amine)}$ の酸化がさらに進行して無色の $DPD_{(imine)}$ に変換されるため，反応液は退色する．

モノクロラミンなどの結合塩素は酸化力が比較的弱いため，DPD の酸化反応に時間を要する．そのため，ヨウ化カリウム（KI）を DPD 試薬に添加することでモノクロラミンがヨウ素イオン（I^-）を酸化してヨウ素（I_2）に変換し (1.24 式)，生成した I_2（水溶液中では I_3^- として存在：1.21 式）が DPD を酸化する2段階反応を利用する必要がある（全塩素測定試薬）.

$$2I^- + NH_2Cl + 2H^+ \longrightarrow I_2 + Cl^- + NH_4^+ \qquad (1.24)$$

この方法を利用すれば，過酸化水素などの酸素系酸化剤の測定も可能である[10].

$$2I^- + H_2O_2 + 2H^+ \longrightarrow I_2 + 2H_2O \qquad (1.25)$$

1.6.1.3　ポーラログラフ法

ポーラログラフ法は電解分析法の一種で，検水中に作用電極，補助電極，参照電極の3電極を入れて，参照電極を基準として作用電極の電位を変化させ，その際に電極間に流れる電流を測定し，濃度に換算する方法である.

1.6.1.4　吸光度法

吸光度法は，次亜塩素酸が波長領域200〜380nmの紫外線を吸収することを利用して分光光度計で測定する方法である．**図1.4**に，次亜塩素酸水溶液をpH 5.0（HOCl）およびpH 10.0（OCl^-）に調整したときの吸収スペクトルを示す[11]．横軸は光の波長，縦軸はモル吸収係数（ε）である．HOClの吸収極大は236 nmに見られ，ε_{236nm}は$101 \pm 2\ M^{-1}cm^{-1}$である．一方，OCl^-の吸収極大は292 nmに見られ，ε_{292nm}は$365 \pm 8\ M^{-1}cm^{-1}$である．吸収極大波長

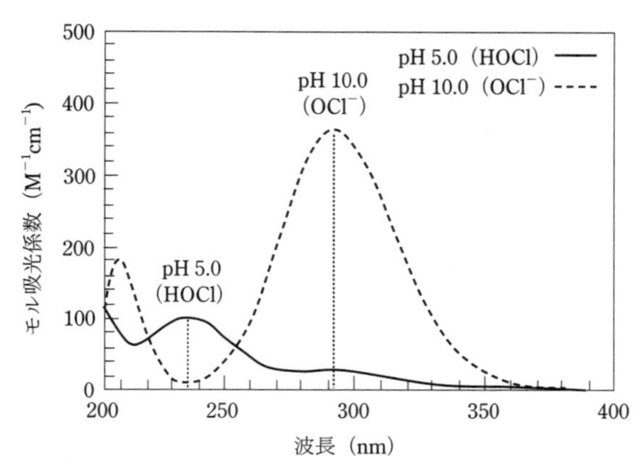

図1.4　次亜塩素酸ナトリウム水溶液の紫外線領域での吸収スペクトル[9]

における吸光度を測定することによって，HOCl および OCl^- の濃度を定量することができる．

1.6.2　気体状次亜塩素酸の濃度

室内空間に揮発した気体状次亜塩素酸の濃度は，定電位電解式センサを装着した塩素ガス検知器を用いて迅速かつ簡便に測定することができる．定電位電解式ガスセンサは，電気化学の分野で行われている定電位電解分析法をガスセンサに応用したものであり，空気中に存在する化学物質を被検知ガスとして検知する．

図 1.5 に，定電位電解式塩素ガスセンサの原理図を示す[12]．センサのケーシング内は，作用電極，対電極，参照電極が設置されており，内部は電解液で満たされている．作用電極と参照電極間は，ポテンショスタットによって一定の電位に保たれている（外部回路 1）．ケーシングのガス検知口にはガス透過性の多孔性膜があり，吸引された Cl_2 は多孔性膜を透過して電解液に吸収される（この時点で，Cl_2 は HOCl に変換されると考えられる）．溶解した Cl_2 は作用電極で還元される（1.26 式）．一方，対電極では水が酸化される（1.27 式）．

$$Cl_2+2H^++2e^- \longrightarrow 2HCl \tag{1.26}$$

$$H_2O \longrightarrow 1/2O_2+2e^- \tag{1.27}$$

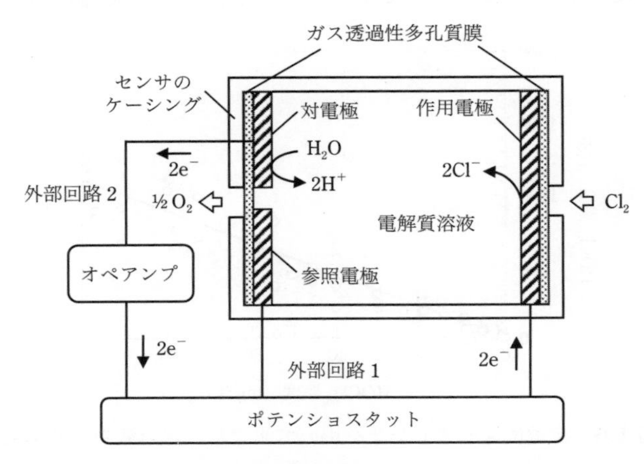

図 1.5　定電位電解式センサの原理図[12]

この時に発生する電子の量（電流）は Cl_2 濃度に比例するので，作用電極と対電極に流れる電流（外部回路2）を測定することによって，Cl_2 濃度（ppb；v/v）を求めることができる．

ここで，気体状HOClの場合，作用電極では（1.28）式の還元反応が起こる．

$$HOCl + H^+ + 2e^- \longrightarrow Cl^- + H_2O \qquad (1.28)$$

すなわち，1モルの Cl_2 と1モルのHOClの還元反応で流れる電子数は同じ2モルなので，Cl_2 ガスの測定値は気体状HOClの濃度と一致する．同様に，1モルの気体状モノクロラミン（NH_2Cl）の還元反応で流れる電子数は2モルである．

$$NH_2Cl + H^+ + 2e^- \longrightarrow NH_3 + Cl^- \qquad (1.29)$$

図1.6は，種々のpHおよびFAC濃度の次亜塩素酸水溶液（pH 5.0～10.0，10～100 mg/L）を密閉したガラスバイアルに入れ（35℃），気液平衡に達した後の気相の気体状次亜塩素酸（$HOCl_{(g)}$；ppb）の濃度を定電位電解式センサで測定し，水溶液中の非解離次亜塩素酸（$HOCl_{(aq)}$；mg/L）の濃度で整理した結果である．図中の実線は，線形最小二乗法で得られた直線であり，$HOCl_{(aq)}$ 濃度と $HOCl_{(g)}$ 濃度の間にはほぼ原点を通る直線の相関関係が認められる（相関係数R=0.963）．この結果から，$HOCl_{(g)}$ の揮発は次亜塩素酸水溶液の非解離次亜塩素酸（$HOCl_{(aq)}$）濃度に比例して増加すること，そして定電位電解式センサ

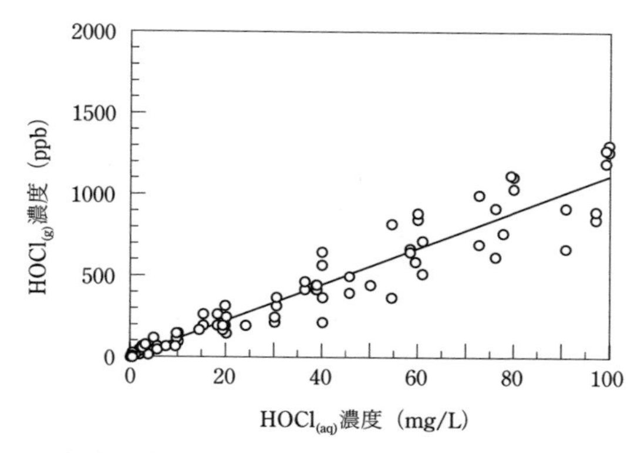

図1.6　定電位電解式センサを用いて測定した水溶液中の非解離型 $HOCl_{(aq)}$ と平衡に達した気相中の $HOCl_{(g)}$ の濃度[12)]

によって気体状次亜塩素酸を少なくとも 2～1,200 ppb の範囲で測定できることがわかる．

引用・参考文献

1) Wojtowicz, J.A.: In *Kirk-Othmer Encyclopedia of Chemical Technology*, vol.5, 3rd ed. (Mark, H.F., Othmer, D.F., Overberger, C.G., Seaborg, G.T., and Grayson, M.eds.), pp.580–611, John Wiley & Sons, New York (1979).
2) Wang, T.X., and Margerum, D.W.: *Inorg.Chem.*, **33**, 1050–1055 (1994).
3) Jesaitis, A., and Dratz, E.A.: In *The Molecular Basis of Oxidative Damage by Leukocytes*, CRC Press Inc., Boca Raton, Florida (1992).
4) Anger, K.: In *Structure and function of oxidation-reduction enzymes* (Akeson, A., and Ehrenberg, A.eds.), pp.329–335, Pergamon Press Inc., Oxford (1972).
5) Fukuzaki, S.: *Biocontrol Si.*, **11**, 147–157 (2006).
6) Weast, R.C.: In *CRC handbook of chemistry and physics*, 1st student edition, CRC Press Inc., Boca Raton, Florida (1988).
7) Morris, J.C.: *J.Phys.Chem.*, **70**, 3798–3805 (1966).
8) Randtke, S.J.: In *White's handbook of chlorination and alternative disinfectants*, 3rd ed. (Black & Veatch eds.), pp.68–173, John Wiley & Sons, New York (1979).
9) 日本工業規格：JIS K 0101:1998, 日本工業規格 (1998).
10) 鈴木万穂 他：*J.Environ.Control Technique*, **37**, 209–214 (2019).
11) Feng, Y.et al.: *J.Environ.Eng.Sci.*, **6**, 277–284 (2007).
12) 吉田真司 他：*J.Environ.Control Technique*, **35**, 260–266 (2017).

第2章　次亜塩素酸の殺菌・不活化機序

次亜塩素酸ナトリウム（NaOCl）の希薄水溶液（pH 7.5～10）や弱酸性（pH 5.0～6.5）および強酸性（pH 2.0～3.0）に調整した次亜塩素酸水溶液の殺菌効果やメカニズムは，それぞれの水溶液の pH によって異なる[1]．酸性から弱アルカリ性では，非解離型次亜塩素酸（HOCl）が主たる殺菌因子として作用する．これは，微生物細胞内部への HOCl の透過性と密接に関係している．一方，強アルカリ性領域では HOCl の存在割合はきわめて低くなるが，強力な殺菌効果が得られる．これは，水酸化物イオン（OH^-）と次亜塩素酸イオン（OCl^-）の相乗作用による殺菌効果である．また，細胞への HOCl による酸化ストレスは細胞内で活性酸素種を発生させ，細胞組織に損傷を与えることも示唆されている．HOCl および OCl^- の作用機序については必ずしも十分に解明されていないが，次亜塩素酸の膜透過性が殺菌力の鍵となる．

2.1　膜透過性と殺菌活性

図 2.1 に，酸性，弱アルカリ性，強アルカリ性領域における次亜塩素酸水溶液による細菌の栄養細胞（原核細胞）の殺菌機構のモデル図を示す．一般に，細菌細胞の最外部の周囲には細胞壁があり，その内側に形質膜（細胞膜）があ

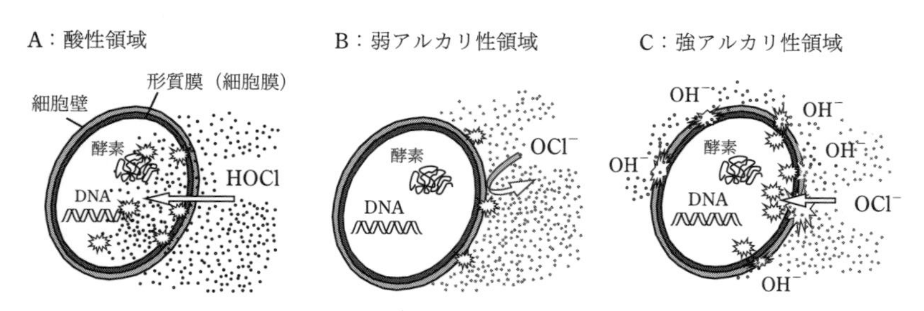

図 2.1　酸性から強アルカリ性領域における次亜塩素酸水溶液の殺菌メカニズムの概念図

る．原核細胞の場合，呼吸系酵素は形質膜に局在している．細胞壁は厚く丈夫な構造体であるが，イオンや分子量の小さい親水性分子を容易に透過させる．これに対して，形質膜はリン脂質二重層（内部に脂肪酸の疎水性層を形成）を基本構造としており，イオンや親水性分子の透過を妨げる．以下に，各 pH 領域における細菌に対する次亜塩素酸の殺菌機序の詳細を述べる．

2.1.1　酸性〜弱アルカリ性領域（HOCl が主な殺菌因子）

次亜塩素酸ナトリウムの希釈水溶液（弱アルカリ性）および酸性の次亜塩素酸水溶液の殺菌効果は，水溶液中の全遊離有効塩素濃度ではなく，非解離型 HOCl の濃度に強く依存する．非解離型の HOCl は，小さい分子サイズと電気的中性という性質から，受動拡散（濃度勾配）により容易に細胞壁と形質膜を透過する（**図 2.1A**）．細胞内に侵入した HOCl は，電子密度の高い求核性部位である二重結合部やアミノ基，チオール基（–SH），プリンおよびピリミジンの塩基，アミン，鉄－硫黄中心などを選択的に攻撃して酸化し損傷を与える[2,3]．たとえば，大腸菌に対する HOCl の酸化ストレスにおいては，–SH 酵素の触媒活性の低下や–SH 基を持つグルタチオンのような抗酸化性物質を減少させ，そしてヌクレオチド塩基の塩素化誘導体を生成して DNA の損傷が起きることが報告されている[2,4,5]．さらに，HOCl による酸化ストレスにおいて，細胞内で発生するヒドロキシラジカル（$^{\cdot}$OH）が殺菌作用に関与していることも示唆されている[4,6]．このように，細胞内部での HOCl 作用機序は，強力な殺菌効果を与えることができる．

一方，**図 2.1B** で示した弱アルカリ性領域では OCl^- は形質膜にある脂質二重層を透過することができない．そのため，OCl^- は形質膜の外側から酸化作用を及ぼし損傷を与えることになる．また，結核菌のように細胞壁内に長鎖脂肪酸（ミコール酸）を有する種属は，細胞壁も OCl^- の進入を妨げるため中性〜アルカリ性の次亜塩素酸水溶液に対して耐性を示す[7,8]．そのため，同じ濃度であれば OCl^- の殺菌力は HOCl と比較すると大きく劣る．しかし，OCl^- の濃度を高めるか作用時間を延長することで，HOCl と同等の殺菌効果を得ることは可能である．

2.1.2　強アルカリ性領域（OH^-とOCl^-の殺菌因子の相乗作用）

強アルカリ性の次亜塩素酸ナトリウムの濃厚溶液や次亜塩素酸ナトリウムを配合したアルカリ性洗浄剤は，高濃度の水酸化物イオン（OH^-）を含有する．高濃度のOH^-は，細胞壁や形質膜を構成する物質を局所的に分解し，細胞表層の構造に損傷を与える．そして，細胞表層が損傷を受けることによりOCl^-との反応性が高まり，必須酵素の–SH基やアミノ基を酸化して触媒機能を阻害するものと考えられる（**図2.1C**）．この効果は，芽胞や各種ウイルスの不活化に対しても有効である[1]．

以上の次亜塩素酸水溶液の各pH領域における酸化ストレスを見ると，主要な殺菌機序は，細胞内の必須酵素や抗酸化性物質の–SH基の酸化と，膜機能の損傷，そしてDNA合成における致命的損傷が単独あるいは複合して起こる結果であると要約される．

2.2　殺菌活性の指標

一般に，速効性のある消毒剤による微生物の殺菌においては，消毒剤の濃度と作用時間が殺菌効率を決める主要な因子（変数）となる．微生物の死滅過程を速度論的に解析するためのモデルとして，Chick-Watsonの法則[9,10]がもっとも一般的に用いられている．

$$\log(N/N_0) = -kCT \tag{2.1}$$

ここで，N_0は微生物の初発生菌数，Nは時間Tにおける生菌数，Cは消毒剤の濃度，kは一次死滅（不活化）速度定数である．消毒剤の濃度の項は，C^nと表されることがあるが，実験室レベルの殺菌試験ではn=1となることが多く，$\log(N/N_0)$ vs CTのグラフは直線関係（疑似一次反応）で表されることが多い．このグラフから，初発生菌数を一定割合（99～99.99%）減少させるのに必要な濃度時間積（CT値）やk値を求めることができる．これらのCT値やk値の概念は，殺菌効力の指標として用いられている．

2.3　細菌（栄養細胞）の殺菌

図 2.2 に，*Staphylococcus* 属細菌（*Staphylococcus aureus*）を pH 6.0，7.5，9.0 に調整した次亜塩素酸水溶液（5.0 mg/L）で処理したときの死滅曲線を示す[11]．縦軸は $\log(N/N_0)$，横軸は CT 値である（C は遊離有効塩素（FAC）濃度）．いずれの pH に対しても，(2.1) 式の擬似一次反応に従う直線的な生残曲線が得られており，pH が弱アルカリ性から弱酸性に低下するほど死滅速度が大きいことがわかる．

ここで，次亜塩素酸水溶液中での非解離型 HOCl の存在割合は，pH 6.0 で約 97%，pH 7.5 で約 50%，pH 9.0 で約 3% である（図 1.3 参照，p.6）．すなわち，FAC 濃度が同じであれば，HOCl の占める割合が大きいほど殺菌効果は大きいことになり，主たる殺菌因子が HOCl であることを示している．なお，pH 9.0 では HOCl の割合はわずか 3% であるが，1.2-log の減少が得られている．これは，極少量の HOCl とともに OCl^-（約 97%）にも *S. aureus* に対して殺菌効果があることを示している．

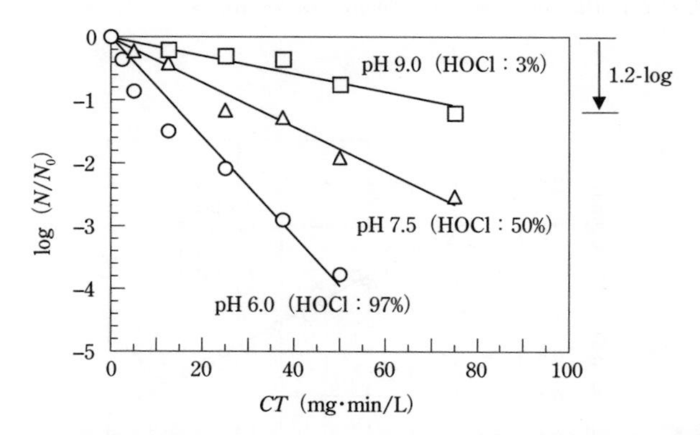

図 2.2　次亜塩素酸水溶液による *S. aureus* の殺菌に及ぼす pH の影響[11]
（FAC 濃度：5.0 mg/L；温度：20℃）

2.4　芽胞（細菌胞子）の殺菌

芽胞（spore）は，栄養・生育環境の悪化で細菌の細胞内に形成される内性胞子であり，物理的・化学的刺激に対して強い抵抗性をもつ．芽胞の耐熱性や耐薬剤性は，芽胞殻と皮層がバリア層を形成しているためと考えられている．さらに，核が存在する芯部は60～70% の水が結合水として存在しており，いわゆる脱水状態となっている．この脱水状態は大きな伝熱抵抗となるため，熱殺菌を困難にしている．非解離型 HOCl は，芽胞形成細菌に対しても優れた殺菌効果を示すことが特筆すべき点である．

図 2.3 は，*Bacillus* 属細菌（*Bacillus mentiens*）の芽胞を次亜塩素酸水溶液（FAC：0.5～450 mg/L，pH 6～9）で処理した実験系において，芽胞を 99%（2-log）死滅させるのに要した時間を非解離型 HOCl 濃度の関数として整理したときの両者の関係（両対数グラフ）である[12]．異なる FAC 濃度と pH で得られた殺菌時間は，非解離型 HOCl 濃度と反比例の関係にあることがわかる．この結果は，殺菌効率は濃度時間積に依存すること，そして非解離型 HOCl 濃度に依存することを示している．すなわち，殺芽胞作用に及ぼす pH の影響は，HOCl の存在割合に及ぼす pH の影響と等価であることを意味している．同様な結果は，その他の *Bacillus* 属細菌（*B. globigii*，*B. anthracis*）の芽胞に対しても得られている[13]．

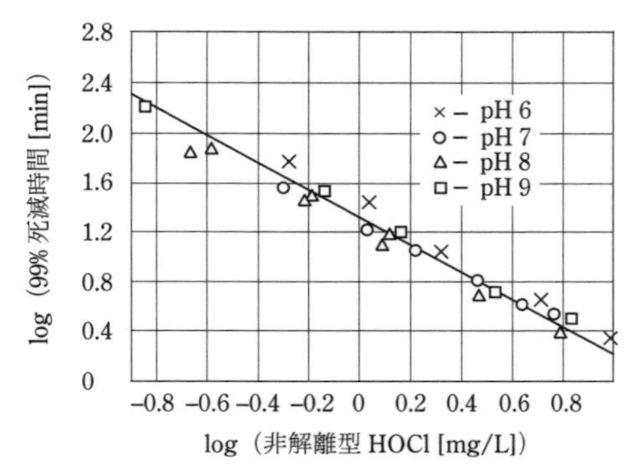

図 2.3　非解離型 HOCl 濃度と殺芽胞時間の関係[12]

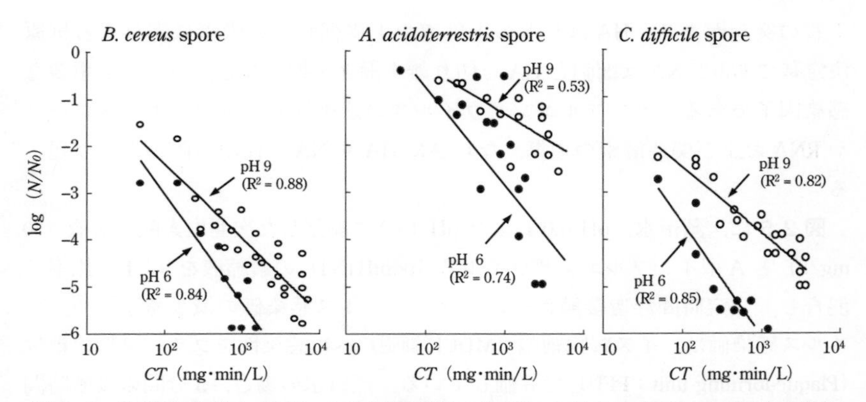

図 2.4　次亜塩素酸水溶液による細菌芽胞の殺菌における生残率の対数減少値と *CT* 値の関係 [14)]

図 2.4 は，*Bacillus* 属細菌（*B. cereus*），*Alicyclobacillus* 属細菌（*Alicyclobacillus acidoterrestris*），*Clostridium* 属細菌（*Clostridium difficile*）の芽胞を pH 6.0 および pH 9.0 に調整した次亜塩素酸水溶液（FAC：10〜200 mg/L）を用いて殺菌処理したときの生残率を *CT* 値でまとめた結果である（*C* は FAC 濃度）[14)]．各芽胞において，pH 6.0 の次亜塩素酸水溶液の方がグラフの傾き（*k* 値）は大きく，強い殺芽胞力を持つことがわかる．HOCl の殺芽胞機序については十分に理解されていないが，非解離型 HOCl が芽胞芯部へ浸透・拡散して酵素活性の失活や DNA の損傷を起こしているのではないかと考えられる．

2.5　ウイルスの不活化

2.5.1　インフルエンザウイルス

インフルエンザウイルスは，エンベロープと呼ばれる脂質二重層膜を持つ RNA ウイルスであり，抗原性の差により A, B, C 型の 3 種類に分けられる．このうち，A 型インフルエンザウイルスは世界中で高い疾病率や死亡率の原因となる，医学的にも重要なウイルス病原体である．新型インフルエンザおよび高病原性鳥インフルエンザは，いずれも A 型インフルエンザウイルスによる感染症である [15)]．

A 型インフルエンザウイルスのエンベロープ表面には，ヘマグルチニン（HA），ノイラミニダーゼ（NA），イオンチャンネル（M2）の 3 種類のタンパク質の突起がある．HAはヒトの上気道の上皮細胞への吸着に寄与する抗原決定基であり，NAは細胞とHAを切り離す働きを担うなど，いずれも重要な感染因子である．インフルエンザウイルスの感染価の減少は，エンベロープやRNAおよび関連酵素の損傷，ならびにHAやNAの作用の阻害により起こる[16]．

図2.5に，蒸留水，pH 6.0およびpH 10.0に調整した次亜塩素酸水溶液（50 mg/L）とA型インフルエンザウイルス（pdmH1N1）の濃縮液を9：1の比率で混合し，一定時間浮遊接触させたときのウイルス感染価の減少を示す[17]．ウイルス感染価は，イヌ腎臓細胞（MDCK細胞）への感染性をプラーク形成単位（Plaque-forming unit：PFU）で評価している．蒸留水の場合，5分間の接触時間内ではウイルス感染価の減少はほとんど見られず，感染価の減少は0.2-logである．pH 6.0の次亜塩素酸水溶液の場合，感染価はわずか10秒間の接触で検出限界以下となっている（< 1-log）．pH 10.0の次亜塩素酸水溶液の場合，ウイルス感染価の減少は10秒後では2.5-logであったが，30秒後には検出限界以下となっている．このように，pH 6.0と10.0の次亜塩素酸水溶液はいずれも，A型インフルエンザウイルスに対して30秒以内でウイルス感染価を4.7-log以上減少（蒸留水との比較）させる速効的な不活化効果を示す．

pH 6.0の次亜塩素酸水溶液の方がより強力な不活化力を示したのは，非解離型HOClのエンベロープ透過性と内部のRNAおよび関連酵素への損傷に起

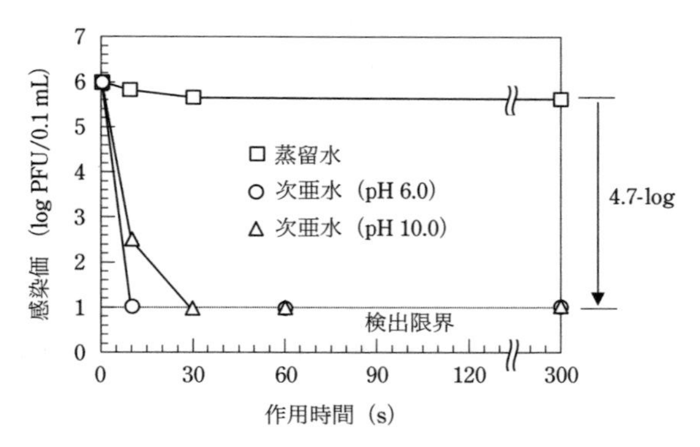

図2.5　pH調整次亜塩素酸水溶液によるA型インフルエンザの不活化[17]
（FAC濃度，50 mg/L）

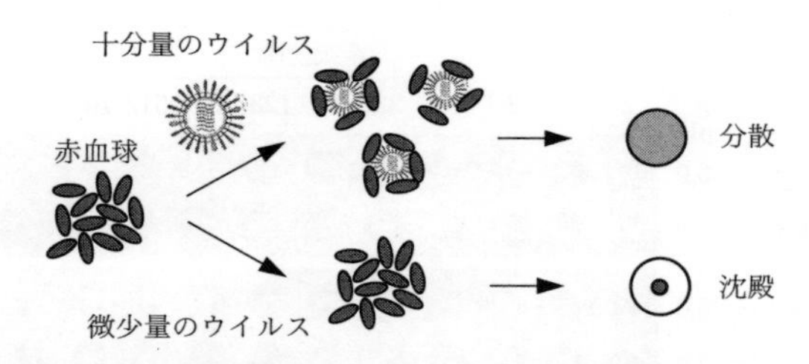

図 2.6　赤血球凝集試験によるウイルス粒子の定量化方法

因すると考えられる．一方，次亜塩素酸水溶液中の OCl^- は，エンベロープ表面に突起した HA に対する酸化反応により HA の吸着能を不活化し感染価の減少をもたらすと考えられている．

HA は赤血球凝集素であり，その吸着能は赤血球凝集反応（HA 反応）によって評価できる．**図 2.6** に，赤血球凝集反応を利用した HA を持つウイルスの定量方法の原理を示す．先ず，ウイルス浮遊液を段階的に希釈して，赤血球浮遊液と混和する．ウイルス粒子が十分量存在すると，赤血球と結合して溶液中に分散させる．一方，希釈によってウイルス粒子数が少なくなると，赤血球を分散させることができないため，赤血球は沈殿する．何倍希釈まで赤血球凝集を起こすかを調べて HA 価としてウイルス濃度を表す．すなわち，ウイルス粒子が十分量存在しても HA 吸着能が不活化されていると赤血球は沈殿することになる．

図 2.7 に，蒸留水（pH 6.0），10 mM リン酸緩衝生理食塩水（phosphate-buffered saline；PBS）（pH 7.0）および pH 調整次亜塩素酸水溶液（50 mg/L）と A 型インフルエンザウイルス（pdmH1N1）の濃縮液を 10：3 の比率で混合し，60 秒間処理した後の赤血球凝集反応の様子を示す[17]．蒸留水（pH 6.0）および 10 mM PBS（pH 7.0）で処理した場合，インフルエンザウイルスの凝集能により赤血球が分散した状態を示す最大希釈倍率は一致しており，HA 価は 512 である．一方，pH 6.0～10.0 の次亜塩素酸水溶液で処理したインフルエンザウイルスは，pH に関係なくすべての希釈倍率において凝集能は観察されず，HA 価は <2 である．すなわち，各水溶液中の HOCl および OCl^- が HA の赤血球吸着セグメントを酸化分解することで，赤血球表面（シアル酸）への吸着を抑制したと考えられる．

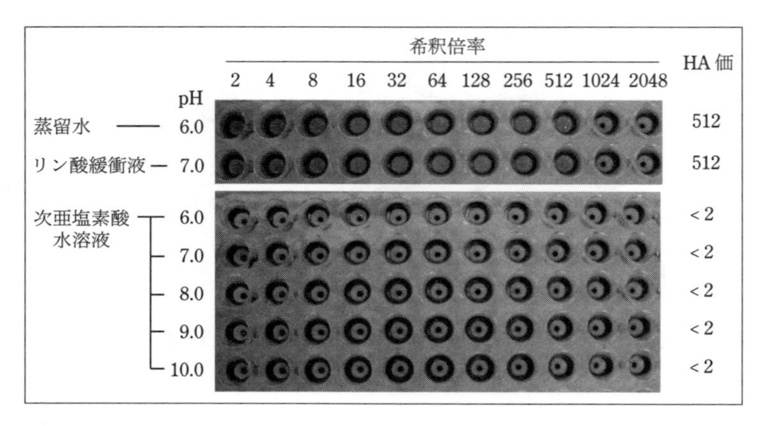

図 2.7　pH 調製次亜塩素酸水溶液で処理した A 型インフルエンザウイルスの赤血球凝集活性[17]
(FAC 濃度，50 mg/L; 処理時間，60 秒)

2.5.2　コロナウイルス

コロナウイルスは，エンベロープを持つ RNA ウイルスである．コロナウイルスは，エンベロープ表面に特徴的な王冠状（コロナ）の突起（スパイク）を持つ．スパイクは，最外部が膨らんだ形状をしており，下部の棒状部位でエンベロープに埋め込まれている．スパイクは，3 分子のスパイクタンパク（S タンパク）質から構成されており，標的細胞表面にある受容体への結合および細胞内侵入に中心的な役割を果たしている．したがって，コロナウイルスの感染性の減少も，S タンパク質の損傷やエンベロープ，RNA および関連酵素の損傷により起こることになる．

表 2.1 に，電解式で製造した弱酸性次亜塩素酸水溶液（25 mg/L，pH 6.5）と新型コロナウイルス（SARS-CoV-2）液を 19：1 の比率で混合し，1 分間静置したときのウイルス感染価の減少を示す．ウイルス感染価は，Vero 細胞（アフリカミドリザル腎由来株化細胞）への感染性をプラーク法で評価している．コントロール（リン酸緩衝生理食塩水）では，感染価の有意な減少は見られていない．一方，弱酸性次亜塩素酸水溶液における感染価は検出限界以下（< 2.0-log）となっており，感染価の減少は 4.8-log 以上の不活化効果が得られている．

図 2.8 に，pH 9.8 に調整したアルカリ性次亜塩素酸水溶液（50 mg/L）と豚コロナウイルス（豚流行性下痢ウイルス：porcine epidemic diarrhea virus）液を

表 2.1　弱酸性次亜塩素酸水溶液による新型コロナウイルスの不活化

検体	作用時間	ウイルス感染価 (log PFU/mL)
リン酸緩衝生理食塩水	混合直後	6.82
	1 min	6.81
弱酸性次亜塩素酸水溶液 *	1 min	< 2.00 (検出限界以下)

* 三室電解システムで製造（25 mg/L, pH 6.5）
3 回の試験結果の平均値
（株式会社ワンテンスより資料提供）

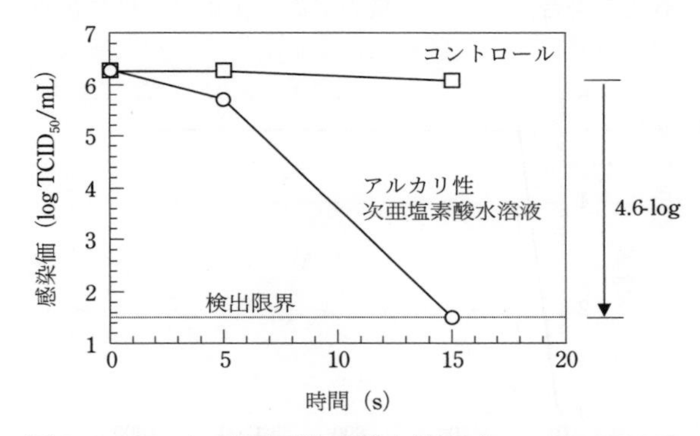

図 2.8　アルカリ性次亜塩素酸水溶液（50 mg/L, pH 9.8）による豚コロナウイルスの不活化
（株式会社ピーズガードより資料提供）

10：1 の比率で混合し，一定時間浮遊させたときのウイルス感染価の減少を示す．ウイルス感染価は，Vero 細胞への感染性を $TCID_{50}$（50% の細胞に感染するウイルス量）で評価している．コントロール（0.9% NaCl）では，15 秒間における感染価の対数減少値は 0.2 である．一方，アルカリ性次亜塩素酸水溶液では 15 秒間で検出限界以下（< 1.7-log）となり，感染価の減少はコントロールと比較して 4.6-log 以上の不活化効果が得られている．この不活化効果も，アルカリ性水溶液中の OCl^- がエンベロープ表面の S タンパク質やエンベロープに損傷を与えたことに起因すると考えられる．

2.5.3　ノロウイルス

ノロウイルスは，エンベロープを持たない RNA ウイルスである．基本構造は，RNA にカプシド（ウイルスタンパク質）が結合してできるヌクレオカプシドから構成されており，エンベロープウイルスよりも薬剤耐性が高いことが知られている．

図 2.9 に，pH 7.4 に調整した次亜塩素酸水溶液（3〜1,600 mg/L）（A）およびエタノール水溶液（B）とヒトノロウイルス液（感染者の糞便から調製）を 99：1 の比率で混合し，30 秒間撹拌した後のウイルスの定量値の対数減少値を示す[18]．ウイルスの定量には，定量的逆転写 PCR（RT-qPCR）を用いている．次亜塩素酸水溶液の場合，ウイルス量の対数減少値は濃度に依存して増加し，

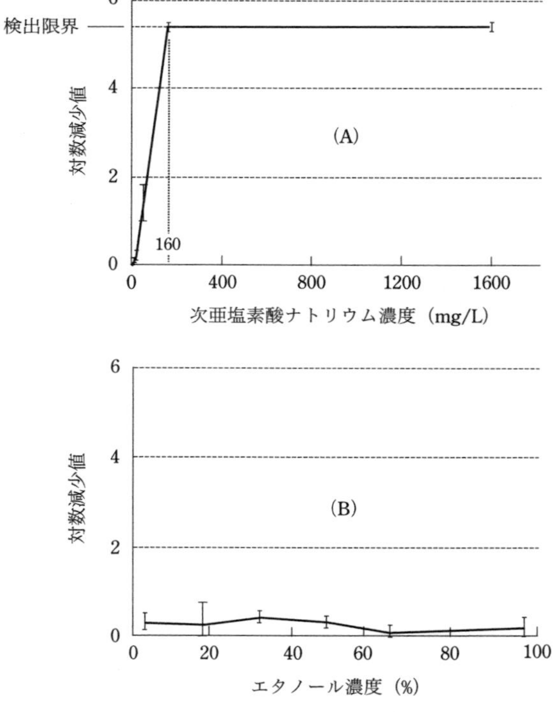

図 2.9　種々の濃度の次亜塩素酸水溶液（A）およびエタノール（B）によるノロウイルスの不活化[18]
（処理時間：30 秒；次亜塩素酸水溶液：pH 7.4）

160 mg/L 以上で定量限界以下に達している．次亜塩素酸は，カプシドや RNA に対して損傷を与えることが知られており[19-21]，PCR による検出量の減少の要因であると考えられる．一方，エタノール水溶液ではウイルス量の対数減少値は 0.5 未満にとどまっており，ノロウイルスはエタノールに対して耐性があることがわかる．

ノロウイルス患者の嘔吐物の処理には，約 1,000 mg/L の次亜塩素酸ナトリウムまたは塩素系漂白剤を使用することが推奨されている．この場合は，嘔吐物との反応により遊離有効塩素濃度が減少することを想定して高めの濃度設定が行われており，次亜塩素酸による不活化効果は有効に発現する．

2.6　熱による増強効果

一般に，化学反応（酸化反応を含む）の進行は熱によって促進される．$HOCl/OCl^-$ の酸化反応に基づく殺菌力も，温度の上昇とともに著しく増加する．殺菌（菌の死滅）のように複雑なメカニズムで進行する反応系では，系全体の律速となる素過程の熱依存性が温度の影響を強く反映することとなる．

これまでの文献調査では，酸化剤による微生物の殺菌試験で得られた死滅速度定数 k は Arrhenius 型の温度依存性で表されることが多い．

$$\ln k = -E_a/RT + \ln A \quad (2.2)$$

ここで，E_a は見掛けの活性化エネルギー（kJ/mol），R は気体定数（8.314 J/K･mol），T は絶対温度（K），A は定数である．E_a 値が大きいほど熱依存性が大きいことを意味する．大まかな基準ではあるが，E_a 値が 40 kJ/mol 以上であれば化学反応が律速段階，それ以下の数値では拡散過程が律速段階となっている場合が多い．

図 2.10 に，pH 5.7 に調整した次亜塩素酸水溶液（2.5 mg/L）を用いて 15～40℃で *Pseudomonas* 属細菌（*Pseudomonas fluorescens*）を殺菌処理した時の生残曲線を示す[22]．いずれの温度においても，(2.1) 式で表される擬似一次反応に従って直線的な生残曲線が得られている．また，温度が増加するとともに死滅速度は顕著に大きくなることがわかる．(2.2) 式を用いた解析の結果，k 値は Arrhenius 型の温度依存性を示し，E_a 値は約 60 kJ/mol と概算されている．これは，15℃から 40℃の範囲において，殺菌温度が 10℃上昇する毎に k は約 2.2

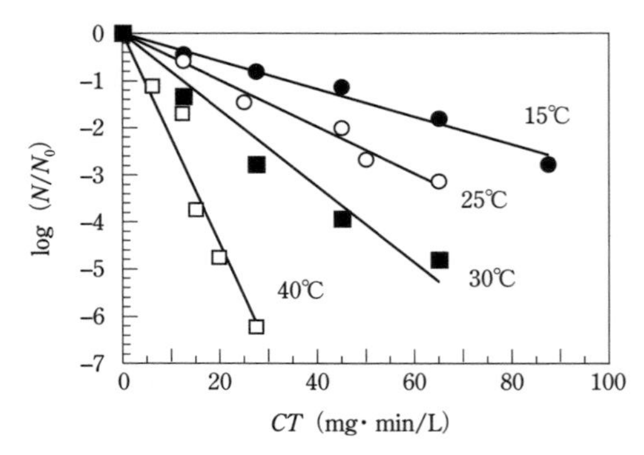

図 2.10　次亜塩素酸水溶液による *P. fluorescens* の殺菌における温度の影響[22)]
(FAC 濃度：2.5 mg/L；pH 5.7)

倍増加することを意味する.

これまでの次亜塩素酸水溶液を用いた殺菌に関する研究では，*Mycobacterium* 属細菌（pH 7）[3)] や *Bacillus* 属細菌の芽胞（pH 6, 11）[23, 24)] に対する $\boldsymbol{k}$ 値も Arrhenius 型の温度依存性に従うことが知られており，概算された $\boldsymbol{E_a}$ 値は 45〜80 kJ/mol の範囲にある．これらの $\boldsymbol{E_a}$ 値は，おおよそ化学反応の熱依存性に相当する値と言える．このことから，HOCl の細胞内や芽胞内への浸透（拡散過程）は，相対的に速やかに起こり，その後の細胞内での酸化反応による損傷過程が殺菌機構の律速となっているものと推測される.

2.7　塩素消費物質による効力の低下

殺菌の対象となる系内に次亜塩素酸と反応する物質が存在すると，微生物に作用する次亜塩素酸が消費されるため殺菌効力は低下する.

図 2.11 に，次亜塩素酸水溶液（50 mg/L）を用いた A 型インフルエンザウイルスの不活化実験系（図 2.5）において，次亜塩素酸と反応性の高いペプトン（最終濃度 1.0 g/L）を水溶液に添加した時のウイルス感染価の変化を示す．次亜塩素酸水溶液とウイルス液は，9：1 の比率で混合している．pH 6.0 および pH 10.0 のいずれの次亜塩素酸水溶液においても，5 分間の接触時間内ではウイルス感染価の顕著な減少は見られておらず，ウイルス感染価は蒸留水と比較して 0.5〜0.8-log の減少にとどまっている．これは，次亜塩素酸（$HOCl/OCl^-$）がペプトンの分解に消費されたためである[17)]．このように，塩

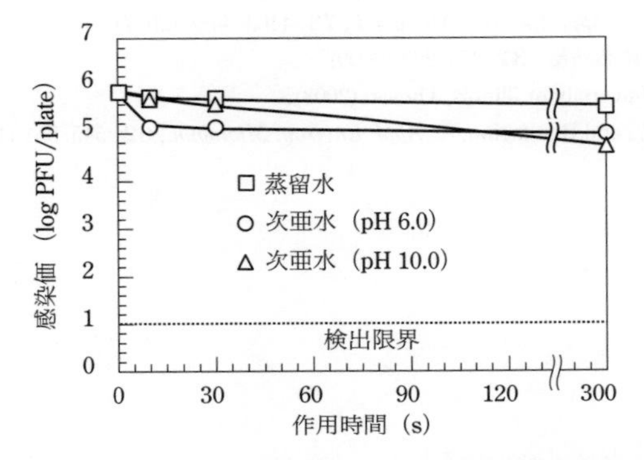

図 2.11 ペプトン存在下における pH 調製次亜塩素酸水溶液による A 型インフルエンザの不活化[17]
（FAC 濃度：50 mg/L）

素消費物質が存在する場合は，これらの物質に消費される有効塩素量を適正に超過する濃度に設定する必要がある．

引用・参考文献

1) Fukuzaki, S.: *Biocontrol Sci.*, **11**, 147–157 (2006).
2) Albrich, J. M. et al.: *Proc. Natl. Acad. Sci. USA*, **78,** 210–214 (1981).
3) Rosen, H, and Klebanoff, S.: *J. Biol. Chem.*, **257,** 13731–13735(1982).
4) Dukan, S., and Touati, D.: *J. Bacteriol.*, **178,** 6145–6150 (1996).
5) Thomas, E. L.: *Infect. Immun.*, **25,** 110–116 (1979).
6) Dukan, S. et al.: *Arch. Biochem. Biophys.*, **367**, 311–316 (1999).
7) Taylor, R. H. et al.: *Appl. Environ. Microbiol.*, **66,** 1702–1705 (2000).
8) Dantec, C. L. et al.: *Appl. Environ. Microbiol.*, **68,** 1025–1032 (2002).
9) Chick, H.: *J. Hyg.*, **8**, 92–158 (1908).
10) Watson, H. E.: ibid, **8**, 536 (1908)
11) 福崎智司 他：防衛施設学会年次フォーラム 2021, 1–8 (2021).
12) Marks, H. C. et al.: *J. Bacteriol.*, 49, 299–305 (1945).
13) Brazis, A. R. et al.: *Appl. Microbiol.*, **6**, 338–342(1958).
14) 小野朋子 他：防菌防黴，**38,** 509–514 (2010).
15) Kilbourne, E. D.: *Emerg. Infect. Dis.*, **12,** 9–14 (2006).
16) Weber, T. P., and Stilianakis, N. I.: *J. Infect.*, **57,** 361–373 (2008).
17) 福﨑智司 他：*J. Environ. Control Tech.*, **30,** 91–96 (2012).
18) Liu, P. et al.: *Appl. Environ. Microbiol.*, **76,** 394–399 (2010).
19) McDonnell, G., and Russell: *Clin. Microbiol. Rev.*, **12,** 147–179 (1999).
20) Nuanualsuwan, S., and Cliver, D. O.: *Appl. Environ. Microbiol.*, **69,** 350–357 (2003).

21) Park, G. W. et al.: *Appl. Environ. Microbiol.*, **73,** 4463–4468 (2007).
22) 福﨑智司 他：防菌防黴 , **37**, 253–262 (2009).
23) Page, M. A.: University of Illinois, Thesis. (2003).
24) Sagripanti, J.-L., and Bonifacino, A.: *Appl. Environ. Microbiol.*, **62,** 545–551 (1996).

第3章　次亜塩素酸の洗浄機序

次亜塩素酸ナトリウムは，食品産業において長年使用されてきた殺菌剤であり，洗浄剤でもある．次亜塩素酸ナトリウムの主成分は，強アルカリ剤である水酸化ナトリウムと次亜塩素酸である（第1章）．アルカリ剤とは，水溶液中で溶解して水酸化物イオン（OH^-）を放出する薬剤の総称である．アルカリ剤は毒性が少なく，中和によって無害化できることが利点である．OH^-は，タンパク質，多糖類，微生物，油脂などの有機性汚れに対して優れた溶解力と加水分解反応，けん化反応などを示し，複合汚れに対しても一括洗浄が可能であることから，食品産業における洗浄では極めて有効な化学的洗浄力である．さらに，アルカリ性水溶液中の次亜塩素酸イオン（OCl^-）の酸化作用により汚れを分解し低分子化することで，汚れの離脱は促進される．特に，次亜塩素酸イオンは食品工場での主要な汚れ成分であるタンパク質に対してきわめて効果的な洗浄作用を示す．

3.1　水酸化物イオンの洗浄効果

3.1.1　平 衡 論

図3.1に，水洗浄後にステンレス鋼表面に残存した物性の異なる種々のタンパク質および細菌類を対象に，酸洗浄およびアルカリ洗浄を一定時間行ったときの，洗浄液のpHと除去率の関係を示す[1)]．タンパク質除去率は，アルカリ性のpH領域，特にpH 11.0〜13.5の範囲においてpHの増加（OH^-濃度の増加）とともに著しく向上する（図3.1A）．また，弱酸性〜弱アルカリ性の範囲では，水洗浄と同様にタンパク質のさらなる離脱はほとんど起こらない．一方，強酸性溶液ではpHの減少とともに除去率はわずかに増加する傾向を示すが，OH^-の効果と比較すると洗浄効率は低い．このように，食品や生物組織に由来する多くのタンパク質は，OH^-に対して良好な離脱性を示す．

洗浄液のpHと除去率の関係において，種々の付着細菌類の離脱挙動もタン

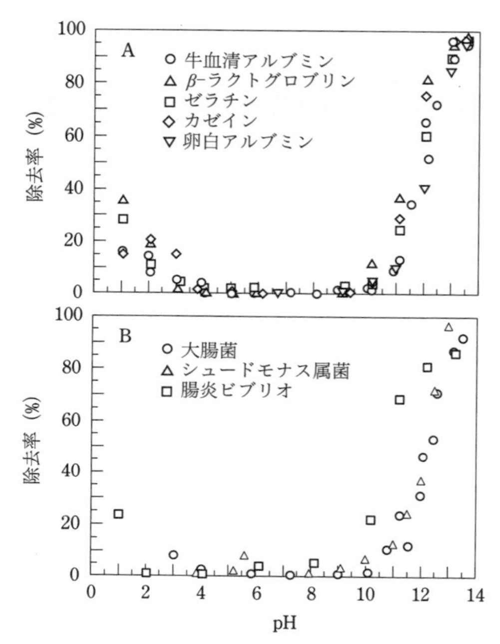

図 3.1　水洗浄後にステンレス鋼に残存したタンパク質および細菌類の除去に及ぼす洗浄液の pH の影響（40℃）[1]

パク質汚れと同様な pH 依存性を示す（図 3.1B）．また，ここでは示さないが，酸性多糖類（バイオフィルムなど）の除去率も OH^- 濃度の増加とともに上昇する[2]．このように，タンパク質や微生物，バイオフィルム成分を含む有機物汚れの除去にはアルカリ性の洗浄液が有効である．

3.1.2　速度論

図 3.2 に，水洗浄後にタンパク質が残存したステンレス鋼を種々の濃度の水酸化ナトリウム水溶液で洗浄（40℃）したときの離脱曲線を示す[3]．グラフは，洗浄時間に対して残存タンパク質量の自然対数値をプロットしたものである．各水酸化ナトリウム水溶液は，洗浄の直前に調製して供給している．この洗浄系では，洗浄初期の離脱誘導期は見られず，洗浄開始と同時にタンパク質の離脱が起こっている．OH^- 濃度の増加とともに，洗浄初期から後期にかけて，タンパク質の離脱速度ならびに洗浄効率は著しく増加する．

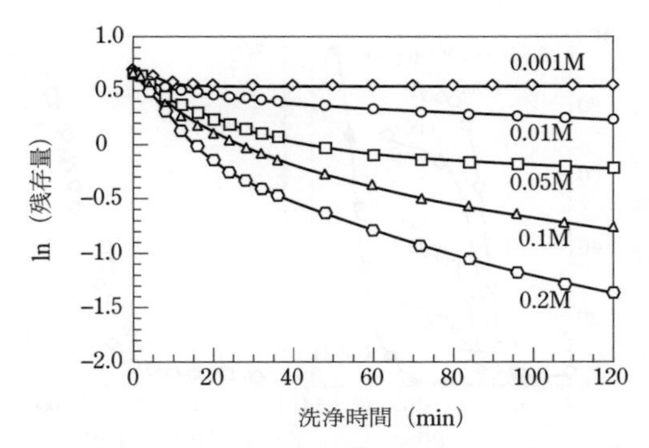

図 3.2 水洗浄後にステンレス鋼に残存したタンパク質の離脱速度に及ぼす NaOH 水溶液の濃度の影響（40℃）[3)]

一般に，洗浄初期の離脱速度（初期離脱速度定数 k^{f} に反映）が大きいほど除去率も大きくなる傾向がある．ここでは示さないが，上記の 0.01～0.2M の NaOH 水溶液を用いた洗浄において OH^{-} 濃度と k^{f} 値には直線関係が得られており，k^{f} は洗浄液濃度（OH^{-} 濃度）に関して一次に比例して増加すると言える

OH^{-} は，汚れや親水性の被洗浄体表面に吸着して互いの表面に大きな負電荷を帯びさせ，静電的斥力を発生させることにより吸着力を消失させる．被洗浄体－水界面では，OH^{-} による汚れとの吸着置換反応が洗浄の進行に重要な役割を果たしていると考えられている[4)]．

3.2 次亜塩素酸イオンの洗浄力

ステンレス鋼などの硬質表面に付着した有機物や微生物に対する次亜塩素酸の洗浄力は，解離型である次亜塩素酸イオン（OCl^{-}）の濃度に依存する．OCl^{-} の洗浄作用は，汚れ分子の酸化分解（低分子化）と界面での吸着置換反応と考えられている．

3.2.1 平 衡 論

図 3.3 に，水洗浄後にタンパク質が残存したステンレス鋼を，種々の pH（4～11）および遊離有効塩素濃度（100～1,000 mg/L）に調整した次亜塩素酸水溶液で洗浄したときの除去率を示す[5)]．水酸化ナトリウムで調製した洗浄液を用いた洗浄（OH^{-} の作用）と比較すると，次亜塩素酸水溶液を用いた洗浄では比

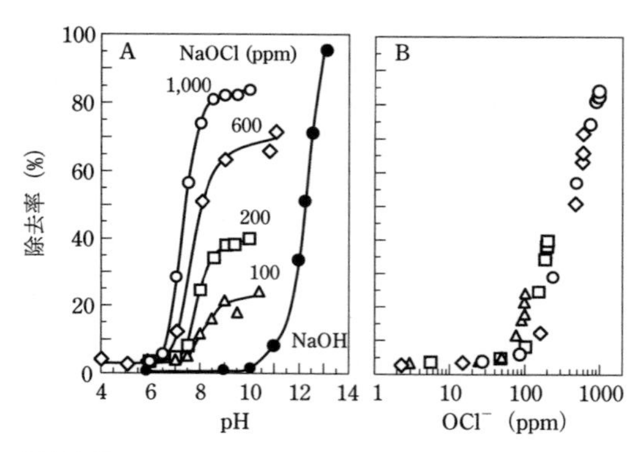

図 3.3　水洗浄後にステンレス鋼に残存したタンパク質の除去に及ぼす次亜塩素酸水溶液の pH と有効塩素濃度の影響（40℃）[5)]

較的低いアルカリ性 pH 領域において高い除去率が得られる（図 3.3A）．次亜塩素酸ナトリウムの効果は，有効塩素濃度が高いほど，また pH が高くなるほど顕著に現れる．一方で，有効塩素濃度が 1,000 mg/L と高濃度で存在しても，弱酸性の pH 溶液であれば次亜塩素酸水溶液の洗浄効果は期待できないことが理解できる．

ここで，図 3.3A において OH^- の作用のみではタンパク質の除去が起こらない pH 4〜10 の領域に着目してみる．図 3.3B は，各 pH における解離型 OCl^- 濃度を算出し，タンパク質の除去率を OCl^- 濃度の関数として整理し直した図である．異なる pH および遊離有効塩素濃度で得られたタンパク質の除去率は，OCl^- 濃度に対して一本の線上に集約されることがわかる．この結果は，次亜塩素酸水溶液の洗浄力が，解離型 OCl^- 濃度に強く依存することを示している．図 3.3 の洗浄系の場合，次亜塩素酸水溶液の洗浄力が発現するためには，少なくとも 100 mg/L の OCl^- が存在しなければならないことになる．

3.2.2　速 度 論

図 3.4 に，水洗浄後にタンパク質が残存したセラミックスを，pH 5.2 と 10.3 に調整したイオン交換水（純水）および次亜塩素酸水溶液（1,000 mg/L）で洗浄したときのタンパク質の離脱曲線を示す[2)]．次亜塩素酸水溶液中の有効塩素の形態は，pH 5.2 では HOCl が，pH 10.3 では OCl^- がほぼ 100% 近くを占めている（図 1.3 参照）．

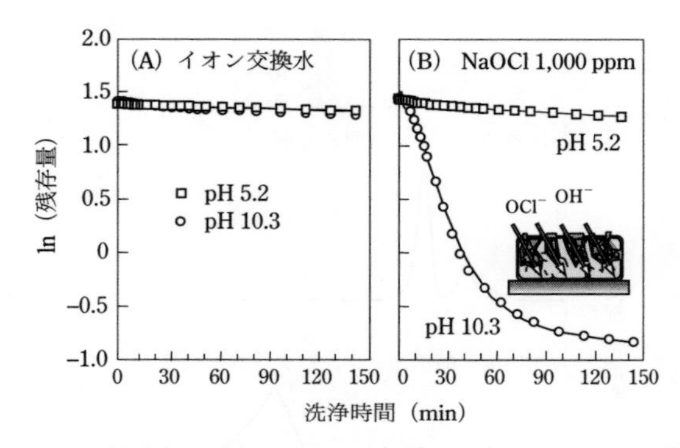

図 3.4　水洗浄後にセラミックス表面に残存したタンパク質の除去に及ぼす次亜塩素酸イオンの洗浄効果（40℃）[2)]
（pH 調整には HCl と NaOH を使用）

次亜塩素酸を含まない pH 調整イオン交換水を用いた洗浄では，タンパク質の離脱は緩慢であり，除去率は極めて低い（図 3.4A）．一方，pH 10.3 の次亜塩素酸水溶液で洗浄すると，タンパク質の離脱は速やかに起こり，高い除去率が得られている（図 3.4B）．しかし，pH 5.2 の次亜塩素酸水溶液では次亜塩素酸（1,000 mg/L）の洗浄効果は発現しておらず，pH 調整イオン交換水と同等の洗浄効果にとどまる．この結果は，次亜塩素酸水溶液の洗浄力が OCl^- 濃度に起因することを示している．

3.2.3　酸化分解作用

図 3.5 に，220 mg/L の次亜塩素酸水溶液（pH 10.0）を用いた回分洗浄により除去されたタンパク質分子（分子量：67,000）のゲルろ過クロマトグラフィー（GFC）のクロマトグラムを示す[6)]．GFC 分析では，滞留（保持）時間（retention time：RT）が長いほど分子量が小さいことを意味する．なお，各分析試料は脱塩処理で濃縮されているため，ピークの高さと濃度には相関性はない．

洗浄前（未分解）のタンパク質試料のクロマトグラムには，単量体の分子に相当する鋭敏なピーク（RT：8.7 min）と，二量体とみられる小さなピーク（RT：7.8 min）が見られる．pH 10.0 の次亜塩素酸水溶液で離脱したタンパク質のクロマトグラム（b）には，洗浄前のタンパク質分子よりも長い滞留時間（RT：11.6 min）の低分子量領域にピークが見られている．ピーク位置の分子量は，約 10,000 に相当する．これは，洗浄過程において OCl^- によるタンパク質

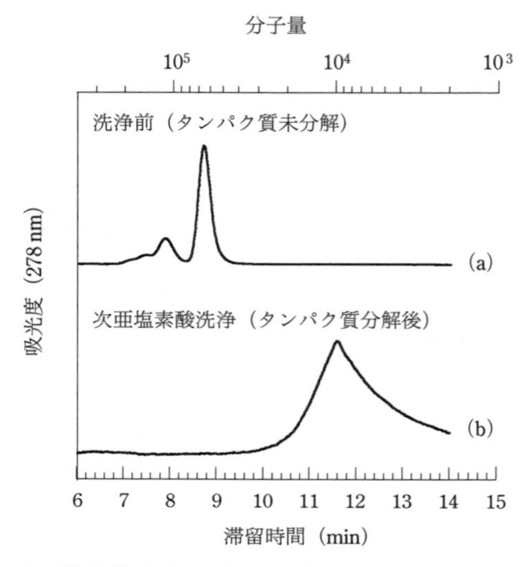

図 3.5　次亜塩素酸水溶液（pH 10.0）を用いた洗浄で離脱したタンパク質の分子量の変化を示す GFC クロマトグラム[6)]
(pH 調整には HCl と NaOH を使用)

の酸化分解が起こっていることを示している．

次亜塩素酸がタンパク質分子を酸化分解する機構については，生体系で研究された報告が多く，タンパク質分子鎖のアミノ酸残基（$-NH_3^+$）と $HOCl/OCl^-$ の反応に由来するクロラミンと窒素中心ラジカル種の形成が分子鎖の酸化分解の開始に寄与していると報告されている[7,8)]．

3.3　熱変性タンパク質に対する洗浄効果

タンパク質が液相および気相で加熱されると，分子間でのジスルフィド結合（S–S 結合）や熱変性に伴う疎水性相互作用による凝集，結合水の脱着，分子内での脱水縮合が起こる．このような熱の影響を受けると，洗浄液によるタンパク質の濡れ性や膨潤性および溶解度が低下するため，アルカリ洗浄における離脱性は著しく減少する．このような高温熱変性タンパク質汚れに対しては，「酸化力」がもっとも有効な洗浄力要素である．その代表的なものが，アルカリ剤の洗浄力と次亜塩素酸ナトリウムの洗浄力を併用した塩素化アルカリ洗浄剤である．

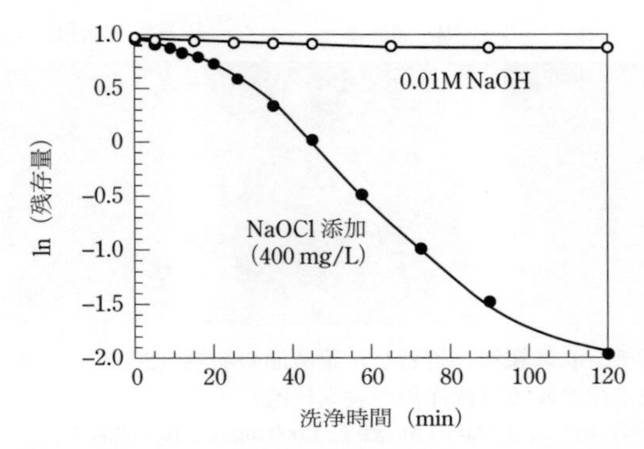

図 3.6　ステンレス鋼に吸着した熱変性タンパク質のアルカリ洗浄除去に及ぼす次亜塩素酸ナトリウムの添加効果（40℃）[5]

図 3.6 に，熱変性タンパク質が吸着したステンレス鋼のアルカリ洗浄における次亜塩素酸ナトリウム（400 mg/L）の添加効果を示す[5]．0.01 M 水酸化ナトリウム水溶液を用いた洗浄では，熱変性タンパク質はほとんど除去されておらず，120 分洗浄後の残存率は 87% にとどまっている．一方，次亜塩素酸ナトリウムを添加した場合，離脱までの誘導期はあるものの，熱変性タンパク質の速やかな離脱が起こっており，120 分洗浄後の残存率は 5% にまで減少している．

さらに，強アルカリ性溶液（$pH > 12.5$）と次亜塩素酸ナトリウムの併用では，OH^- と OCl^- の相乗効果により洗浄速度は著しく増大する．このような塩素化アルカリ洗浄剤は，牛乳や飲料の殺菌工程の熱交換機の伝熱板に付着した熱変性タンパク質汚れの除去に適用されている[9]．

3.4　熱変性油脂に対する洗浄効果

動植物系の油脂は，1 分子のグリセリンと 3 分子の脂肪酸がエステル結合したトリグリセリドの分子形態をとる．油脂は，アルカリ剤とのけん化反応により脂肪酸塩（石けん）とグリセリンに分解される（3.1 式）．

$$C_3H_5(OCO\text{-}R)_3 + 3NaOH \rightarrow 3R\text{-}COONa + C_3H_5(OH)_3 \quad (3.1)$$

（脂肪酸塩）（グリセリン）

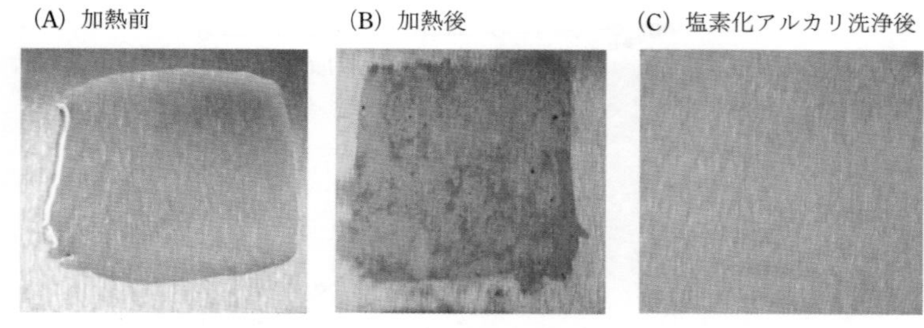

図 3.7　ステンレス鋼板に付着した菜種油の加熱（200℃）による変化と塩素化アルカリ洗浄後の表面状態
（洗浄条件：pH 13.0；FAC 濃度：1,000 mg/L；16 時間浸漬）

（3.1）式で生成する脂肪酸塩は，水と油脂の界面張力を低下させ，付着している油脂の乳化に寄与する．ところが，油脂が高温で加熱されると熱変性による重合化が起こり，アルカリ剤（OH^-）の作用だけでは洗浄除去が困難になる．

図 3.7 に，菜種油がステンレス鋼板上で加熱（200℃，4 時間）されたときの状態変化と，塩素化アルカリ洗浄液への浸漬洗浄後のステンレス鋼表面の写真を示す．加熱前の菜種油は薄黄色であり，陰イオン界面活性剤水溶液への浸漬洗浄で約 80% は容易に除去される．しかし，菜種油は 200℃で一定時間加熱されると褐色化し，粘度が増大する．この状態になると，界面活性剤水溶液やアルカリ剤だけでは除去できない状態になる．この加熱菜種油が付着したステンレス鋼板（図 3.7B）を塩素化アルカリ洗浄液（pH 13.0，1,000 mg/L）に一定時間浸漬するだけで，熱変性菜種油をほぼ 100% 除去することができる（図 3.7C）．これは，OCl^-の酸化作用による重合化した菜種油の分解が除去を促進したと考えられる．

3.5　温度の影響

熱は，有機高分子汚れに対する水の膨潤・溶解力や洗浄液の粘性の低下，洗浄剤成分の拡散速度を増加させるとともに，洗剤成分と汚れの化学反応速度を促進させる効果がある．

3.5.1 水酸化物イオン

図 3.8 に，水洗浄後にタンパク質が残存したステンレス鋼のアルカリ洗浄（0.1M NaOH；pH13）に及ぼす温度の影響を示す[3]．温度の増加とともに，タンパク質の離脱速度は著しく増加し，より短時間で平衡残存量に達していることがわかる．洗浄初期の離脱速度が大きいほど平衡残存量の値も小さくなる傾向が見られており，初期離脱速度が洗浄効率を反映する結果となっている．

図 3.8 の挿入図は，初期離脱速度定数（k^f）の Arrhenius プロットである．グラフの傾きから，見掛けの活性化エネルギー（E_a）は 33.0 kJ/mol 概算され，洗浄温度が 10℃上昇する毎に初期離脱速度定数は約 1.4 倍増加することを意味する[3]．タンパク質汚れが熱変性している場合や脂肪と複合汚れを形成している場合は，熱エネルギーへの依存性はさらに高くなる．

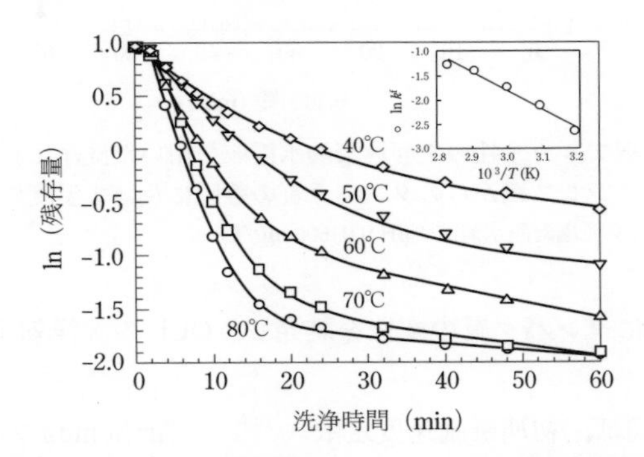

図 3.8 ステンレス鋼表面からのタンパク質の離脱速度に及ぼすアルカリ洗浄温度の影響（0.1M NaOH）[3]

3.5.2 次亜塩素酸イオン

次亜塩素酸イオン（OCl^-）の洗浄効果に及ぼす温度の影響は，OH^- の洗浄効果がほとんど発現しない弱アルカリ性（たとえば pH 9.0）に調整した次亜塩素酸水溶液を用いた洗浄で試験すればよい．

図 3.9 は，水洗浄後にタンパク質が残存したステンレス鋼を対象に pH 9.0 に調整した次亜塩素酸水溶液（OCl^-：600 mg/L）の洗浄効果に及ぼす温度の影響（速度論）を検討した結果である[10]．20～60℃の範囲において，温度の増加とともに離脱が起こり始めるまでの誘導期間の短縮ならびに離脱速度の顕著な増加が見られる．また，pH 9.0 の弱アルカリ性条件下では，60℃を超える過

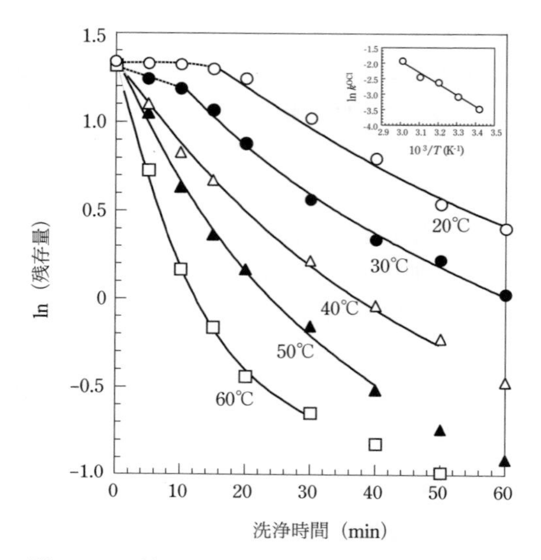

図 3.9 弱アルカリ性の次亜塩素酸水溶液を用いた洗浄におけるステンレス鋼からのタンパク質の離脱に及ぼす温度の影響[10]
（次亜塩素酸水溶液：pH 9.0, 600 mg/L）

剰な加温は，逆にタンパク質の変性を誘発し，OCl^-の洗浄効率を減少させることになる．

図 3.9 の挿入図は，初期離脱速度定数（k^{OCl}）の Arrhenius プロットである．グラフの傾きから，E_a は 30.4 kJ/mol と概算され，洗浄温度が 10℃上昇する毎に約 1.4 倍増加することを意味する．この E_a 値は，ステンレス鋼表面に不可逆吸着したタンパク質汚れのアルカリ洗浄（0.05〜0.1M NaOH）で得られた E_a 値（27〜35 kJ/mol）とほぼ一致している[3, 11, 12]．

この熱依存性から，固液界面における OCl^-の洗浄機構は，化学反応過程よりも拡散過程が律速となっていることが推測され，OCl^-による吸着置換反応が洗浄メカニズムの一つであることを示唆している．

3.6 界面活性剤の併用効果

洗浄操作における次亜塩素酸水溶液の短所は，溶液の表面張力が大きい（72〜74 mN/m）ために汚れや被洗浄体を濡らし，汚れ層内部あるいは被洗浄体の細部に浸透する力に劣る点である．これは，媒体である水の短所にほかならない．プラスチックのように極性の小さい疎水性ポリマー表面では，OH^-やOCl^-による洗浄効果は親水性表面ほど高くない．この場合，界面活性剤を添加して洗浄液の表面張力を減少させ（< 40mN/m），固液界面へのOH^-やOCl^-の浸透を促進させることで，洗浄性は大きく改善される．

3.6.1　表面張力の低下

図 3.10 に，水洗浄後に付着細菌が残存したポリエステル（PET）板を対象に，非イオン界面活性剤（0.02％）を配合した水，水酸化ナトリウム水溶液（pH 12.0），次亜塩素酸水溶液（pH12.0, 100 mg/L）を用いて高速撹拌洗浄したときの菌体の離脱曲線を示す[11]．水および非イオン活性剤水溶液を用いた洗浄では，菌体の離脱はきわめて緩慢な速度で起こっており，60 秒後の残存率はともに高い（約 63%）．この洗浄系では，非イオン活性剤自身の洗浄効果は寄与していないことがわかる．水酸化ナトリウム水溶液では，比較的速やかに菌体の離脱が進行し，残存率は 3% に減少する．非イオン活性剤を配合した水酸化ナトリウム水溶液では，無配合時の洗浄と比較して，菌体の離脱速度は約 2 倍に増加し，さらに界面活性剤と次亜塩素酸ナトリウムの同時添加では，洗浄速度は約 3 倍に増加し，除去率は約 99.9% まで向上する．

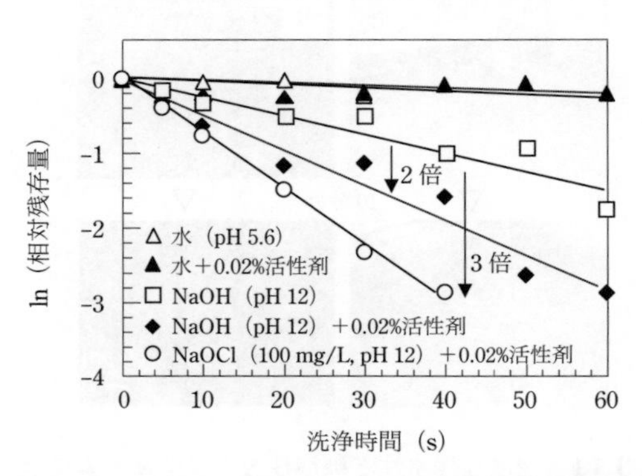

図 3.10　水洗浄後にポリエステル板に残存した細菌菌体のアルカリ洗浄除去に及ぼす界面活性剤の併用効果[11]

3.6.2　塩素化アルカリフォーム洗浄

泡沫（フォーム）洗浄は，起泡力に優れた界面活性剤を洗浄液に配合してフォームを形成し，被洗浄体に吹き付けて洗浄する方法である．しかし，単に泡立てた洗浄液を吹き付ければ良いというわけではない．洗浄は，液体と固体の界面で発生するので，安定過ぎるフォームでは良好な洗浄は行えない．洗浄に適した良質のフォームは，ゆっくりと破泡しながら小さな間隙にまで流れ込み，汚れを吸い上げて包み込みながら固液界面で洗浄作用を発揮する．

3.6.2.1　実験室レベルでの洗浄効果

図 3.11A に，塩素化アルカリ洗浄液（pH 10.0, 200 mg/L）を用いてステンレス鋼製メッシュコンベアベルトをフォーム洗浄している様子を示す[12]．フォームは，塗布10分後にほぼ破泡し，まばらに観察される程度である．これは，適度な安定性を持つ良質なフォームと言える．

図 3.11B は，フォーム洗浄前後での付着菌の状態を観察した写真である．付着菌数（生死の区別なし）は，洗浄前の 10^7 個から 10^2 個のオーダーまで減少している．

さらに，同条件の洗浄系において生菌数の経時変化を測定した結果，固体表面に残存した菌体も2分後には検出限界以下（< 1 CFU/plate）まで不活化されることも確認されている[13]．

図 3.11　適度な保水性と破泡性をもつフォームによる塩素化アルカリ洗浄[12]
（有効塩素濃度：200 mg/L，pH 10.0，10分間塗布）

3.6.2.2 現場レベルでの洗浄効果

表 3.1 に，清酒工場およびカット野菜工場において汚れ（食品由来）が残留しやすい機器を対象に，高圧水洗浄後および塩素化アルカリ洗浄液（pH 10.0, 200 mg/L）を用いたフォーム洗浄（10 分間塗布）を実施したときの ATP を汚染指標としたふき取り検査の結果を示す[12]．通常の高圧水洗浄後には，各機器とも比較的多くの汚れ（> 10,000 RLU）が残留しており，「目で見てキレイ」の状態にとどまっていることがわかる．一方，塩素化アルカリフォーム洗浄を行うことによって ATP 値を 1〜3 桁も低い値まで低下させることができている．汚れが固着した機器に対しては，洗浄液の有効塩素濃度または pH を増加させるか，接触時間を延長するなどして，洗浄条件を適宜最適化すればよい．

このように，高圧洗浄のような機械的な作用力を用いなくても，比較的高濃度の OCl^- の洗浄作用を活用すれば，洗浄と殺菌の作用で高い清浄度を得ることができる．

表 3.1 清酒工場およびカット野菜工場における ATP ふき取り検査結果と塩素化アルカリフォーム洗浄の効果[12]

工場	機器・測定箇所	ATP 値（RLU）	
		高圧水洗浄後	フォーム洗浄後*
清酒	洗米搬送機・メッシュコンベア	1,720	360
	メッシュコンベア洗浄ブラシ	25,800	2,550
	米浸漬タンク・内壁面	188,000	1,260
	蒸米放冷機・メッシュコンベア	1,270	310
	メッシュコンベア洗浄ブラシ	38,700	1,010
	製麹機・製麹皿	53,400	2,490
	醪発酵タンク・撹拌シャフト	37,100	1,840
	撹拌翼	11,300	40
	搾り機・外枠	120,000	190
カット野菜	野菜搬送容器	55,900	120
	作業員の手袋	17,900	300
	アルコールスプレーボトル	57,720	36
	ネット遠心機・外側壁面	34,900	2,960
	フードスライサー・コンベアベルト	2,680	300

*有効塩素濃度：200 mg/L，pH 10.0，10 分間塗布

引用・参考文献

1) 福﨑智司：バイオフィルムの制御に向けた構造と形成過程（松村吉信監修），pp. 121–132, シーエムシー出版 (2017).
2) Urano, H., and Fukuzaki, S.: *Biocontrol Sci.,* **10**, 21–29 (2005).
3) Takahashi, K., and Fukuzaki, S.: *Biocontrol Sci.*, **8**, 111–117 (2003).
4) Jennings, W. G.: In *Advances in Food Research*, Vol. 14 (Chichester, C. O. and Mark, E. M., eds.), Academic Press, New York (1965).
5) 福﨑智司：調理食品と技術，16, 1–14 (2010).
6) 髙橋和宏 他：防菌防黴，**45**, 437–444 (2017).
7) Hawkins, C. L., and Davies, M. J.: *Biochem. J.,* **332**, 617–625 (1998).
8) Hawkins, C. L., and Davies, M. J.: ibid, **340**, 539–548 (1999).
9) Clegg, L. F. L.: In *Milk Hygiene* (F.A.O./W.H.O.), pp.195–220, World Health Organization, Geneva (1962).
10) 福﨑智司 他：防菌防黴，**37**, 253–262 (2009).
11) 髙橋和宏，福﨑智司：防菌防黴，**40**, 405–413 (2012).
12) 福﨑智司：界面活性剤の選び方，使い方事例集，p. 548–557，技術情報協会 (2019).
13) 髙橋和宏 他：*J. Environ. Control. Tech.*, **31**, 21–26 (2013).

第4章　次亜塩素酸の高分子材料への浸透と脱臭・脱色・抗菌機序

近年，食品産業ではプラスチック製の容器，包装材料，食器，ならびに調理器具類への食品由来の香気成分や色素の収着現象に高い関心が払われている．特に，香気成分の収着は食品や飲料の保存中における香気の損失や変香・移り香の原因となる．プラスチック材料に収着した香気成分や色素に対しては，アルカリ性の塩素系漂白剤（主成分：次亜塩素酸ナトリウム）の洗浄・脱色効果は十分ではない．これは，疎水性の樹脂に相溶性（分離せずに混ざり合う性質）を持つ香気成分や色素がプラスチック内部に吸収された状態で存在するために，親水性である次亜塩素酸イオン（OCl^-）と水酸化物イオン（OH^-）の作用が及ばないからである．一方，非解離型次亜塩素酸（HOCl）は疎水性の高分子材料に対して浸透する．

4.1　PET－水界面での次亜塩素酸の挙動

4.1.1　非解離型次亜塩素酸の浸透[1,2)]

図4.1 に，pH 5.0～10.0 に調整した次亜塩素酸ナトリウム水溶液（1,000 mg/L）（以下，次亜塩素酸水溶液と表記）に7日間浸漬（40℃）したポリエチレンテレフタレート（PET）試験片の断面におけるClの分布を示す．図中の破線は，試験片の最表面の位置を示しており，右側に向かうほど試験片の深さ方向（内部）になる．図中の明るさは，Clの分布の相対量を反映している．pHがアルカリ性から弱酸性に低下するとともに，PETの表面から内部方向へのClの分布が拡がる傾向が明確に観察される．

図4.2 に，図4.1で得られたCl分布について，EPMA（電子プローブマイクロアナライザー）の線分析により定量化したClの特性X線強度（I_{Cl}）を示す．図中の点線は，Cl測定におけるバックグラウンド（Clに特有のものではない連続X線）の吸収である．pH 5.0の次亜塩素酸水溶液に浸漬したPET試験片の

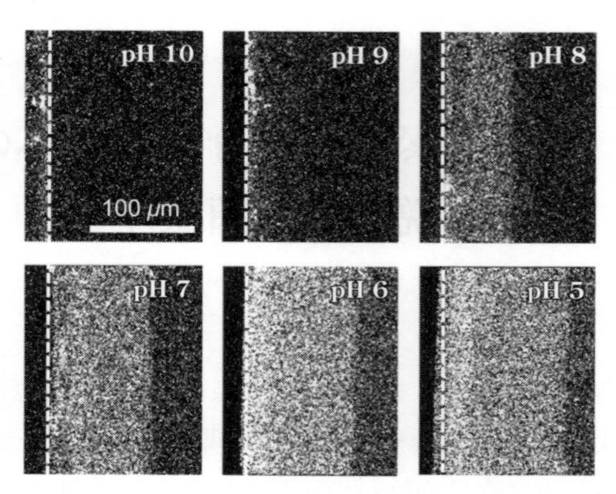

図 4.1　pH の異なる次亜塩素酸水溶液に浸漬後の PET 試験片の断面における Cl の拡散分布[1,2)]
（浸漬条件：FAC 濃度 1,000 mg/L；40℃，7 日間）

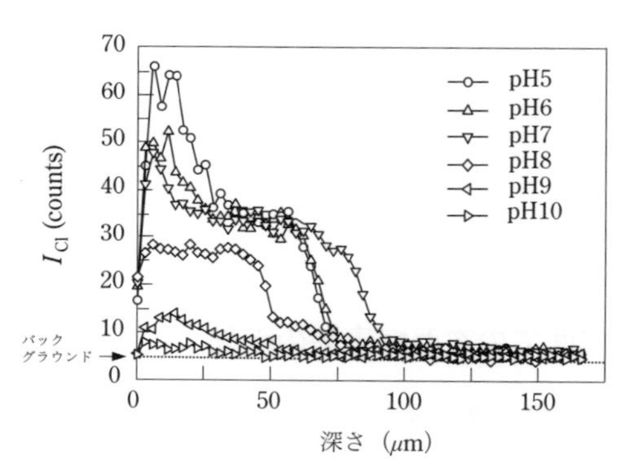

図 4.2　次亜塩素酸水溶液に浸漬した PET 試験片の I_{Cl} の深さ方向の分布[1,2)]
（浸漬条件：FAC 濃度 1,000 mg/L，40℃，7 日間）

I_{Cl} は，他の pH と比較して表面近傍での最大値は大きく，深部（100 μm）にまで HOCl が拡散している．pH 5.0 から中性そしてアルカリ性と pH が高くなるにつれて，I_{Cl} の表面近傍での最大値ならびに深部への拡散領域も小さくなっている．pH 10.0 の PET 試験片では，I_{Cl} は表面近傍ではわずかに検出できるものの（〜30 μm），バックグランドと同等のレベルである．

水溶液中での非解離型次亜塩素酸（HOCl）の比率は，pH 5.0 では 99% 以上，pH 10.0 では 1% 以下となる．すなわち，次亜塩素酸の浸透は水溶液中での HOCl の解離状態に依存しており（図 1.3，p.6），非解離型次亜塩素酸が PET

内部に浸透することを明確に示唆している．この HOCl の浸透性は，微生物細胞の形質膜（リン脂質二重層）透過性[3]と類似した挙動である点が興味深い（図 2.1，p.14）．

4.1.2　次亜塩素酸の再移行

pH 5.0 に調整した次亜塩素酸水溶液（1,000 mg/L）に浸漬した PET 試験片を再びイオン交換水に浸漬すると，PET 内部に浸透した非解離型次亜塩素酸が水に再移行する．この現象は，イオン交換水に DPD 試薬を添加しておくことにより，非解離型次亜塩素酸の再移行が発色の増加（遊離有効塩素濃度の増加）として観察される．

図 4.3 に，PET 試験片（次亜塩素酸水溶液に 2 時間および 7 日間浸漬）からイオン交換水に再移行する次亜塩素酸（遊離有効塩素濃度）の経時変化を示す．pH 5.0 の次亜塩素酸水溶液に浸漬した試験片では，遊離有効塩素濃度は時間の経過とともに徐々に増加し，60 分後には 2 時間および 7 日間浸漬した PET 試験片で各々1.80 mg/L および 2.04 mg/L に達している．このような遊離有効塩素濃度の検出と増加は，HOCl が PET 内部に浸透した後も，酸化力を保持したままの状態で存在していること，そして HOCl が時間に依存して水溶液中に拡散移行することを意味している．

一方，pH 10.0 の次亜塩素酸水溶液に 7 日間浸漬した試験片では，60 分間の浸漬時間中に遊離有効塩素は検出されていない．すなわち，次亜塩素酸イオン（OCl^-）は PET 内部に浸透していないか，PET 分子と反応して酸化力を失っ

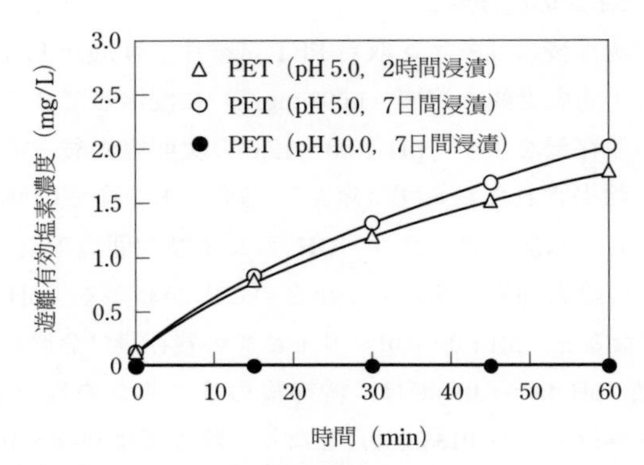

図 4.3　PET 内部に浸透した HOCl の水への再移行（25℃）[1]

ていると考えられる．

4.2　PETに収着したリモネンの除去

柑橘系飲料の香気成分であるリモネンは溶剤系の有機物質であり，各種のプラスチック材料に収着する傾向が強く，除去が困難な物質の一つである[4-6]．PETボトルのリユース（再使用）に関する検討では，ボトルの内壁に収着したリモネンは高温アルカリ洗浄においても米国食品医薬品局（FDA）の基準値を超える量で残留し，再充填した水に溶出して移り香すること（flavor carry-over）が指摘されている[4,7]．

4.2.1　リモネンの収着

市販のオレンジジュースにPET試験片を一定期間浸漬すると，リモネンの収着が起こる．筆者ら[1]の実験例（4℃，8日間）では，リモネンの収着量は約84 μg/g PETであり，この値は試験片の単位面積あたり約60 mg/m^{2}に相当する．リモネンが収着したPET試験片をイオン交換水を用いて浸漬洗浄すると(2時間)，リモネンの除去率はわずかに5%にとどまる．これは，洗浄除去というよりも，リモネンがPET試験片から水へ拡散移行（migration）したレベルの量である．このように，オレンジジュースとの接触後は，水洗浄では除去できないリモネンがPET樹脂に多量に残存するのである．

4.2.2　収着リモネンの洗浄除去

図4.4に，水洗浄後のリモネン収着PET試験片（84 μg/g PET）をpH 4.0〜12.0に調整した次亜塩素酸水溶液（1,000 mg/L）に浸漬して2時間洗浄したときのリモネンの残存量を示す．pH 10.0〜12.0の次亜塩素酸水溶液では，リモネンはほとんど除去されておらず（除去率：5%），水洗浄での残存量と同程度である．すなわち，水酸化物イオン（OH^-）および次亜塩素酸イオン（OCl^-）によるリモネンの除去効果はきわめて小さいことがわかる．pHが弱アルカリ性から中性域になると（pH 7.0〜9.0），リモネンの残存量は急激に減少する．さらに，弱酸性域（pH 4.0〜6.0）では，洗浄後のリモネンの残存量は0.20 μg/g PETから検出限界以下（< 0.018 μg/g）となり，除去率は99.8〜100%に達する．前内容物の許容残存量に対するFDAの指標値は0.5 μg/g PETであるから，

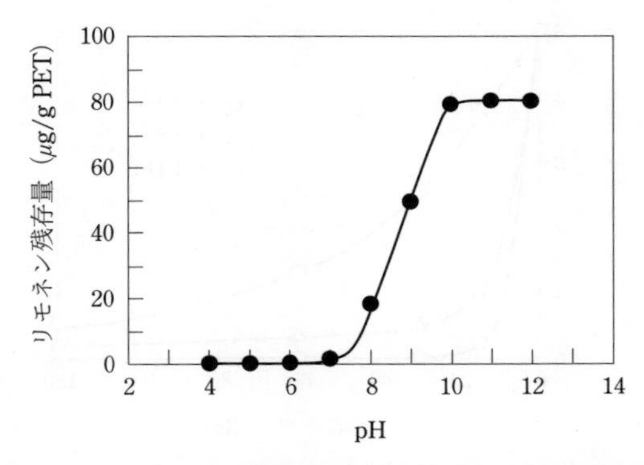

図 4.4　リモネンが収着したPETの洗浄に及ぼす次亜塩素酸水溶液（1,000 mg/L）のpHの影響（40℃）[1)]

pH 4.0〜6.0の次亜塩素酸水溶液を用いた洗浄後の残存量はこの指標値を満たしている．

PET内部へのHOClの浸透性と洗浄結果を考え合わせると，非解離型次亜塩素酸がリモネンの洗浄除去に寄与していることが容易に理解できる．非解離型次亜塩素酸は，酸化力を保持したままPET内部に浸透する過程で，PET表面ならびに表面近傍に収着したリモネンを酸化分解するものと考えられる．

4.2.3　次亜塩素酸水溶液中でのリモネンの分解

図 4.5に，pHの異なる次亜塩素酸水溶液中においてリモネンの分解反応を行ったときの結果を示す．リモネンの濃度の減少は，pH 4.5で最も速く，pHが中性からアルカリ性になるほど徐々に遅くなる傾向が見られる．すなわち，リモネンの分解速度は水溶液中のHOCl濃度に依存することを示している．おそらく，水溶液中では電気的に中性なHOClの方がOCl^-よりも疎水性のリモネンに対して高い親和性と反応性を持つのではないかと考えられる．

一方，pH 11.5の水溶液中においても，速度は遅いものの，OCl^-によるリモネンの酸化分解は起こっている．このことから，pH 10.0〜12.0の次亜塩素酸ナトリウム水溶液でPETの収着リモネンが除去できないのは，リモネンに対する次亜塩素酸イオンの親和性や接触性が固液界面において著しく減少するためではないかと考えられる．

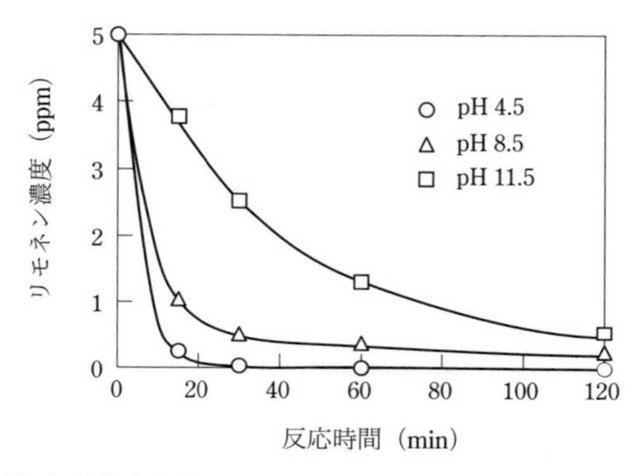

図 4.5　次亜塩素酸水溶液中でのリモネンの分解に及ぼす pH の影響（25℃）[1)]

4.2.4　キャリーオーバー試験

表 4.1 に，*d*–リモネンを収着させた 1.5 リットルの PET ボトルを対象にキャリーオーバー試験を行った結果を示す．実験手順は，以下の通りである．リモネン収着 PET ボトルを対象に，従来の次亜塩素酸ナトリウム（100 mg/L）含有アルカリ洗浄液（pH 12.0，乳化剤 0.02%）を用いた噴射洗浄（13 min）および pH 5.0 に調整した次亜塩素酸水溶液（1,000 mg/L）を用いた浸漬洗浄（120 min）を行う．その後，各洗浄ボトルに 1.5 L のイオン交換水を充填し，30 日間の充填水再移行試験を行う．この充填水を取り出し，充填水中へ移行したリモネンの濃度，再充填後に PET ボトル 1 g あたりに残存したリモネンの量，洗浄後にボトル 1 g あたりに残存したリモネンの量を分析する．

表 4.1　汚染 PET ボトル [a)] の洗浄後に再充填した水へのリモネンの再移行量とボトル残存量 [1)]

洗浄液	pH	洗浄時間 (min)	リモネン	
			水再移行濃度 (μg/L)	ボトル残存量 (μg/g)
NaOH 水溶液 ＋NaOCl（100 mg/L） ＋0.02% 乳化剤	12.0	13	33.3	11.3
次亜塩素酸水溶液 （1,000 mg/L）	5.0	120	検出せず	検出せず

[a)] 0.1 wt % のリモネン水溶液で汚染（40℃，14 日間）

次亜塩素酸ナトリウム含有アルカリ洗浄の場合，充填水への再移行濃度は 33.3 μg/L でり，FDA が求める食品への最大溶出濃度の指標値である 10 μg/L を上回る濃度である．再充填後のボトルでは，11.3 μg/g PET のリモネンの残留が検出されている．この結果から，洗浄後にボトル 1 g あたりの残存量は 12.3 μg/g PET と算出され，FDA が求める最大残存濃度の指標値 0.5 μg/g PET を約 20 倍も上回る濃度となっている．

一方，pH 5.0 の次亜塩素酸水溶液で洗浄した場合，再充填水からリモネンは検出されていない（検出限界以下；< 0.005 μg/ml）．さらに，再充填後のボトルからもリモネンは検出されていない（検出限界以下；< 0.018 μg/g PET）．このように，PET ボトルに収着・残留しやすいリモネンに対しては，弱酸性の次亜塩素酸水溶液が有効であることが示されている．

4.3　PETに収着したクルクミンの脱色[8)]

クルクミンは，ターメリック（*Curcuma longa*）のポリフェノール系黄色色素である．クルクミンは，多くのプラスチック材料に対して相溶性を持つことから，収着しやすい色素として知られており，食器類へ収着したクルクミンの効率的脱色が課題となっている．

4.3.1　クルクミンの収着

筆者らは，クルクミンによる PET の着色度を Kubelka-Munk 式（4.1 式）を用いて算出する K/S 値を指標として評価している．

$$K/S = (1 - R/100)^2 / (2R/100) \tag{4.1}$$

ここで，K は吸光係数，S は散乱係数，R はクルクミンの吸収極大波長 420 nm における試験片の反射率（%）である．K/S 値が高いほど着色度は大きいことを意味する．

0.1% クルクミンエタノール水溶液に PET 試験片を浸漬すると，クルクミンが時間とともに PET 内部に収着する現象が明確に観察される．PET 試験片の K/S 値は，約 8 時間後には 72.0 に達し，その後は浸漬時間を 24 時間まで延長しても，K/S 値の増加は見られない[7)]．

4.3.2　収着クルクミンの脱色

図 4.6 に，pH 4.0〜12.0 の次亜塩素酸水溶液（1,000 mg/L）にクルクミン収着 PET 試験片を 2 時間浸漬した後の PET 試験片の写真と K/S 値を示す．目視観察により，次亜塩素酸水溶液の pH が低いほど，より高い脱色効果が得られている（図 4.6A）．pH 4.0〜5.0 では，K/S 値は 0.4〜0.7 まで減少し，顕著な脱色効果が得られる（図 4.6B）．pH 6.0〜8.0 でも K/S 値は低い値（1.2〜2.4）であるが，目視ではクルクミンの残色が認められる．K/S 値は，pH 10.0 以上で急激に増加し，pH 11.0〜12.0 では K/S 値の減少は全く見られていない．すなわち，水酸化物イオンおよび次亜塩素酸イオンによる収着クルクミンの脱色効果はきわめて小さいと言える．以上の結果は，次亜塩素酸水溶液の pH の低下，すなわち非解離型次亜塩素酸の存在割合に依存してクルクミンの脱色が起こったことを示している．

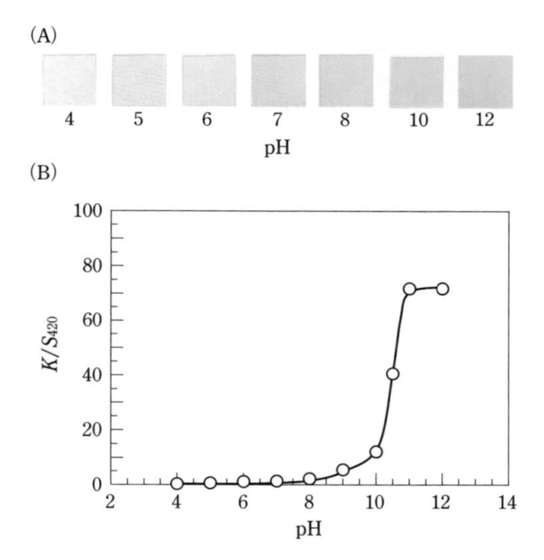

図 4.6　クルクミンが収着した PET の脱色に及ぼす次亜塩素酸水溶液（1,000 mg/L）の pH の影響（40℃）[8]

4.3.3　次亜塩素酸水溶液中でのクルクミンの脱色

図 4.7 に，種々の pH の次亜塩素酸水溶液中（80 mg/L）でクルクミン（吸光度 A_{420} の初期値＝0.80）の脱色反応を行ったときの 10 分後の水溶液の A_{420} 値と

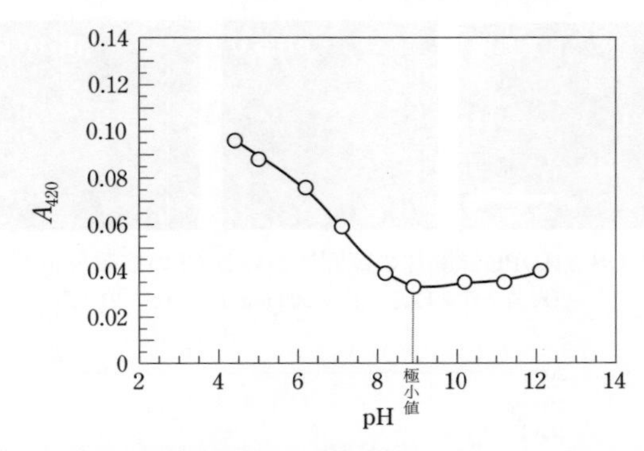

図 4.7　次亜塩素酸水溶液中（80 mg/L）でのクルクミンの脱色に及ぼす pH の影響（25℃）[8)]

pH の関係を示す．A_{420} 値が低いほど，脱色率が高いことを意味する．A_{420} 値は，pH が酸性から弱アルカリ性に増加するとともに減少し，pH 8.9 で極小値（0.033）が得られている．pH が 10.2 から 12.1 まで増加すると，A_{420} 値は一定かわずかに増加する（0.035〜0.040）．このように，水溶液中でのクルクミンの脱色はアルカリ性領域，すなわち次亜塩素酸イオンの存在割合に依存して促進される．にもかかわらず，収着クルクミンに対してアルカリ性次亜塩素酸水溶液の脱色効果が低いのは，PET 内部への次亜塩素酸イオン（OCl^-）の浸透性が低いことにほかならない．

また，pH 10.0 以上で OCl^- による脱色反応が抑制されたのは，高濃度の OH^- が OCl^- とクルクミンとの反応を拮抗阻害したのではないかと推察している．同様な現象は，OCl^- によるアゾ色素の脱色においても観察されている[9)]．

4.4　HDPE －水界面での次亜塩素酸の挙動[10)]

近年，軽量で洗浄し易いとされるプラスチック製のまな板が普及している．このまな板にも，食品に由来する色素や香気成分が収着する．ここでは，まな板の素材に広く用いられている高密度ポリエチレン（HDPE）を用いた実験事例を紹介する．

4.4.1　非解離型次亜塩素酸の浸透

図 4.8 に，pH 5.0 および 10.0 に調整した次亜塩素酸水溶液（2,000 mg/L）に 21 日間浸漬（50℃）した HDPE 試験片の断面を EPMA 分析したときの Cl の

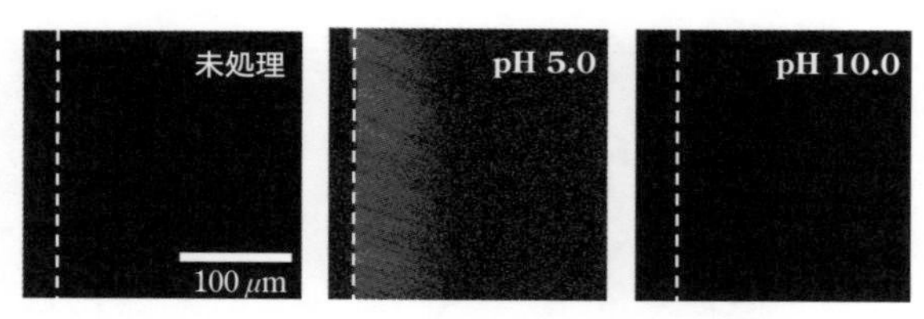

図 4.8　HDPE 試験片の断面における Cl の拡散分布[10)]
（浸漬条件：FAC 濃度 2,000 mg/L，50℃，21 日間）

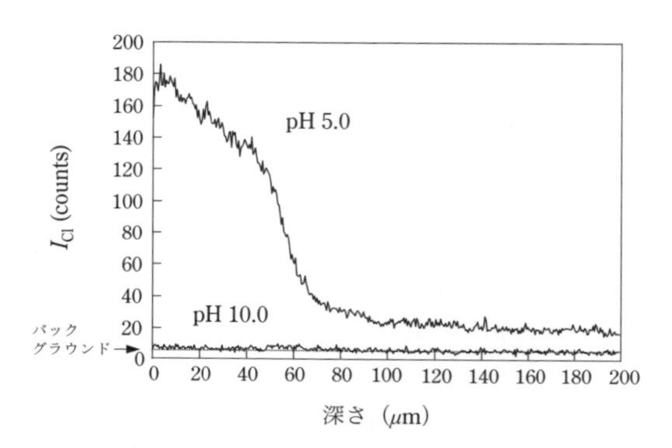

図 4.9　HDPE 試験片における I_{Cl} の深さ方向の分布[10)]
（浸漬条件：FAC 濃度 2,000 mg/L，50℃，21 日間）

分布を示す．図中の破線は，試験片の最表面の位置を示しており，右側に向かうほど試験片の深さ方向（内部）になる．図中の明るさは，Cl の分布の相対量を反映している．非解離型次亜塩素酸の存在割合が高い pH 5.0 の場合，HDPE の表面から内部方向への Cl の分布が明確に観察された．一方，次亜塩素酸イオンの存在割合が高い pH10.0 では，Cl の存在は HDPE の表面付近のみにわずかに観察される程度である．

図 4.9 に，図 4.1 に示した Cl 分布について，EPMA の線分析により定量化した Cl の特性 X 線強度（I_{Cl}）を示す．図中の点線は，Cl 測定におけるバックグラウンドの吸収である．pH 5.0 の NaOCl 水溶液に浸漬した HDPE 試験片の I_{Cl} は，深さ方向に対して徐々に減少する分布を示しており（80～100 μm），少なくとも 200 μm まで検出されている．pH 10.0 の次亜塩素酸水溶液に浸漬した HDPE 試験片では，I_{Cl} は表面付近ではわずかに検出できたものの，バックグラウンドのレベルである．

以上の結果は，非解離型次亜塩素酸が HDPE 内部に浸透することを示唆している.

4.4.2 収着クルクミンの脱色

ここで紹介する実験事例では，HDPE 試験片の脱色は分光色差計を用いて黄色の着色度を表す b 値を測定して評価した．なお，b 値がマイナス値（黄色として認識できない）を示した時はゼロとみなしている.

図 4.10 に，250～1,000 mg/L の次亜塩素酸水溶液を用いてクルクミン収着 HDPE 試験片を処理した時の pH と着色度（b 値）の関係を示す．b 値は，NaOCl 水溶液の pH が低いほど，また濃度が高いほど減少する傾向を示している．1,000 mg/L の場合，pH 5.0～7.0 では b 値はゼロとなり，目視でも着色が確認できないほど顕著な脱色効果が得られる．一方，アルカリ性領域（pH 10.0～12.0）では，次亜塩素酸水溶液の濃度に関係なく脱色効果が得られていない．この結果からも，非解離型次亜塩素酸が HDPE 内部に浸透し，内部に収着していたクルクミンを脱色したことが容易に推測される.

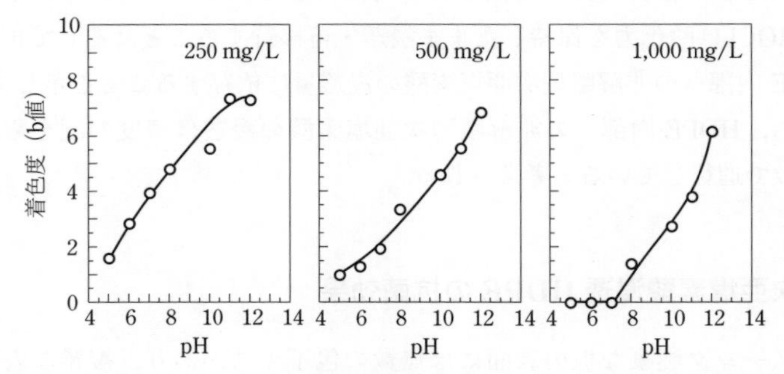

図 4.10 クルクミン収着 HDPE 試験片の脱色における NaOCl 水溶液の pH の影響 [10]
（脱色条件：35℃，2 時間，静置）

4.4.3 次亜塩素酸の再移行

図 4.11 に，pH 5.0～12.0 に調整した 250～1,000 mg/L の次亜塩素酸水溶液に浸漬した HDPE 試験片をイオン交換水中に 24 時間浸漬した時の，HDPE 内部から水に再移行した遊離有効塩素（FAC）および全有効塩素（TAC）の量を示す．FAC および TAC の再移行量は，次亜塩素酸水溶液の pH が低いほど多

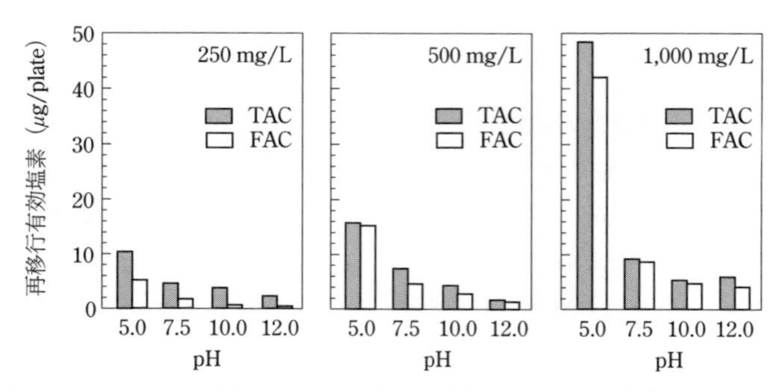

図 4.11　NaOCl 水溶液（pH 5.0）に浸漬した HDPE 試験片からの有効塩素成分の水への再移行[10]
（浸漬条件：35℃，24 時間）

く，浸漬した次亜塩素酸水溶液の濃度が高いほど多い．また，相対的に TAC の方が FAC よりも高いことから，再移行した次亜塩素酸の一部は，何らかの物質と反応して結合塩素に変換されて再移行していることがわかる．この結果は，HOCl は酸化力を保持したまま浸透・再移行すること，そして再移行量は HDPE 内部への非解離型次亜塩素酸の浸透量に依存することを示している．すなわち，HDPE 内部への非解離型次亜塩素酸の浸透は濃度勾配を駆動力とする拡散で進行していると考えられる．

4.5　次亜塩素酸浸透 HDPE の抗菌効果

プラスチック製まな板の表面には無数の包丁キズがあり，複雑な表面構造となっている．まな板が頻繁に反復使用される場合，表面の微細な空隙に浸入した水や汚れは，短時間の洗浄や乾燥では十分に除去されていないと推測される．その結果，表面が湿潤状態で置かれることになり，微生物の生存や増殖を招く結果となる．ここでは，上記の次亜塩素酸が浸透した HDPE の抗菌性を評価した事例を紹介する．なお，未処理 HDPE 上の生菌数に対する次亜塩素酸浸透 HDPE 上の生菌数の対数減少値を抗菌活性値とし，抗菌活性値 2.0 以上（99％以上の致死率）で抗菌効果があるとみなす（JIS Z 2801）．

表 4.2 に，種々の pH に調整した 250 mg/L の次亜塩素酸水溶液に浸漬して非解離型次亜塩素酸を浸透させた HDPE 試験片の抗菌効果を示す．黄色ブ

表 4.2　HOCl が浸透した HDPE 試験片の抗菌効果[10]

菌株	次亜塩素酸水溶液浸漬 pH	生菌数 (CFU/plate)	抗菌活性値 (−)
S. aureus	未処理	2.0×10^6	−
	5.0	< 100	> 4.3
	7.5	2.3×10^3	2.9
	10.0	9.6×10^5	0.32
	12.0	1.6×10^6	0.01
E. coli	未処理	1.2×10^6	−
	5.0	1.2×10^2	3.3
	7.5	4.5×10^4	1.4
	10.0	8.3×10^5	0.16
	12.0	1.1×10^6	0.04

HDPE 試験片は 250 mg/L の NaOCl 水溶液に 35℃で 24 時間浸漬

ドウ球菌（*Staphylococcus aureus*）の場合，未処理 HDPE の生菌数は 2.0×10^6 CFU/plate であったが，pH 5.0 で浸漬した HDPE 試験片では生菌数は検出限界未満（<100 CFU）となっている（抗菌活性値：> 4.3）．pH 7.5 の試験片でも抗菌活性値は 2.9 であり，抗菌効果が認められている．pH 10.0 および 12.0 の場合，抗菌活性値は各々0.32 および 0.01 であり，抗菌効果は認められていない．抗菌効果は，明らかに HDPE 内部から再移行した次亜塩素酸の殺菌作用に起因していると考えられる．大腸菌（*Escherichia coli*）の場合，pH 5.0 の HDPE 試験片において抗菌活性値は 3.3 であり抗菌効果が認められているが，pH 7.5〜12.0 では pH の上昇とともに抗菌活性値は減少した（1.4〜0.04）．

このように，HDPE 試験の抗菌性は非解離型次亜塩素酸の浸透量と再移行量に依存すると考えられる．

4.6　黒カビが繁殖した白衣の漂白事例

食品残渣が付着・残存した状態で白衣を保管しておくと，白衣の表面にカビが繁殖することがある．特に，魚のすり身は繊維に固着しやすく洗浄除去が難しいため，カビの繁殖を招きやすい食材の一つである．ここでは，洗濯後に魚のすり身が残存したまま保管したポリエステル製白衣に黒カビが繁殖した事例を紹介する．

図 4.12 の A, B は，白衣の黒カビ汚染部を塩素系漂白剤（アルカリ性）で洗

浄した後の写真である．繊維表面に繁殖した菌糸は除去できたものの，繊維の奥深くまで伸長した菌糸や胞子は残存したままである．次に，pH 5.0 の次亜塩素酸水溶液を含浸させたワイプを菌糸残存部に 24 時間密着させると，目視ではほぼ完全に漂白されており，顕微鏡観察でも菌糸や胞子の存在は確認されなかった (C, D)．このように，弱酸性次亜塩素酸水溶液は繊維の奥まで浸透することによって，黒カビ汚染白衣を効果的に漂白することができる．

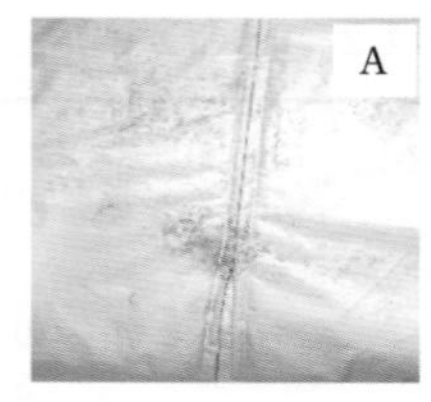

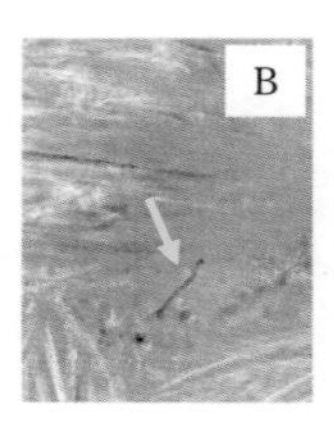

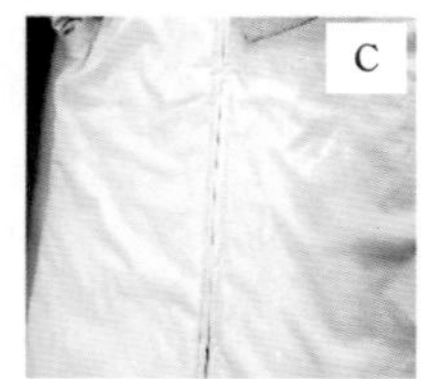

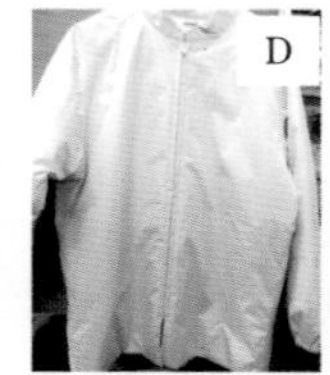

図 4.12　黒カビが繁殖したポリエステル製白衣（A, B）と弱酸性次亜塩素酸水溶液による漂白後の白衣（C, D）

引用・参考文献

1)　竹原淳彦 他：防菌防黴，**42**, 3–8 (2014).
2)　福﨑智司：食品の包装，**48**, No.2, 64–68 (2018).
3)　Fukuzaki, S.: *Biocontrol Sci.*, **11**, 147–157 (2006).
4)　林 英一 他：食衛誌，**52**, 112–116 (2011).
5)　Feron, V.J.et al.: *Food Addit.Contam.*, **11**, 571–594 (1994).
6)　Komolprasert, V., and Lawson, A.R.: *J.Agric.Food Chem.*, **45**, 444–448 (1997).
7)　舊橋 章：工業材料，**54**, 84–89 (2006).
8)　竹原淳彦，石田拓也，岩蕗 仁，福﨑智司：食生活研究 , 36, 338–343 (2016).
9)　Urano, H., and Fukuzaki, S.: *Biocontrol Sci.*, **16**, 123–126 (2011).
10)　吉田すぎる 他：調理食品と技術，**24**, 155–161 (2018).

第5章　野菜の洗浄・殺菌への利用

従来，野菜の洗浄は清水を用いて表面に付着している土壌や微生物，切断面から漏出した組織液などを除去する目的で行われてきた．清水のみによる洗浄は，薬剤などの残留による汚染の心配がなく，特に生鮮食品のような食品素材の洗浄に適している．

一般に，野菜の洗浄には5℃程度の冷水（チラー水）が用いられており，野菜の鮮度保持と微生物の増殖抑制を兼ねた操作となっている．水洗浄では，水の持つ溶解・分散力と各種の物理力（界面流動，シャワーリング，摩擦など）が併用されているが，汚れの全般的な除去力は不足しており，微生物の除去率も低い．まして，水による殺菌効果は期待できない．そのため，ある程度の吸着残留を認めたうえで，洗浄力または殺菌力を示す食品添加物や洗剤が使用される場合が多い．

ここでは，野菜加工ラインに採用されている回分式浸漬洗浄システムを解説した後，次亜塩素酸水溶液と界面活性剤（乳化剤）の併用効果ならびに脱気した次亜塩素酸水溶液の有効性について考察する．

5.1　回分式浸漬洗浄システム

野菜の洗浄は，基本的に一定量の洗浄液の中に野菜を浸漬して洗浄を行った後，この野菜を洗浄液から取り出す回分式洗浄法で行われる．洗浄槽内での物理力として，洗浄液の撹拌による流動，バブリング，野菜の揺動，シャワーリングなどが行われる．この回分洗浄は，必要に応じて複数回繰り返す場合や，洗浄・殺菌工程と水濯ぎ工程を分離する場合など，多段式に行われる場合が多い．

図5.1 に，多段式の回分式浸漬洗浄における汚れの離脱と残留の概念図を示す．(a) は適切な洗浄液の設定により，付着汚れがすべて離脱した平衡状態である．この状態で野菜を取り出すと，汚染された一部の洗浄液が野菜に付着

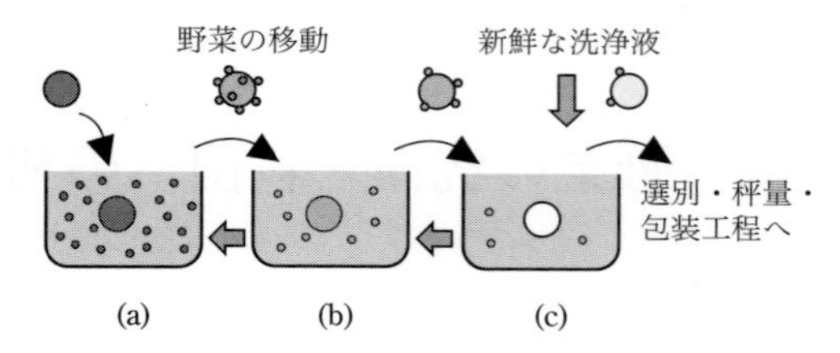

図 5.1　多段式の回分式浸漬洗浄における汚れの離脱と持ち出し [1)]

したまま持ち出される．この野菜をそのまま乾燥すると，持ち出し洗浄液中の汚れは再付着して残留する．したがって，持ち出し汚れを除去するためには，野菜を新たな洗浄液（b）に浸漬する必要がある．この工程を繰り返すことにより（c），残存汚れは徐々に減少する．

ここで，初期の総残存汚れ量をΓ_0，各洗浄槽の洗浄液量をx，野菜に付着して持ち出される液量をyとすると（ただし$x \gg y$），洗浄n回後の残存汚れ量（Γ）は次式で表される [1)]．

$$\Gamma = \Gamma_0 \times (y/x)^n \tag{5.1}$$

(5.1) 式においてΓを小さくするためには，Γ_0をできるだけ最小にしたうえで，①xを大きくするか，②yを小さくするか，③nを大きくするかのいずれかである．

このうち，①と③は経済性，装置の大型化，労力の観点から得策ではない．もっとも効果的な方法は，②のyを小さくすることである．持ち出し液量（y）を小さくする方法として，実際の現場では以下の3通りの方法が行われている．

i)　洗浄槽を移動する際，野菜に付着した洗浄液をシャワーリングで洗い流す，あるいは清浄空気で吹き飛ばす．

ii)　最終の洗浄槽（c）から取り出した野菜を遠心分離にかけて付着洗浄液を振り切る．

iii)　洗浄液を向流式（野菜の移動方向と逆流：c → b → a）で送液し，最終洗浄槽の洗浄液の鮮度を維持する．

カット野菜の洗浄では，多量の水が使用されるため，水と冷却に要する費用が高額になる．そのため，比較的汚れ（固形物や有機物）の少ない二次洗浄液を回収し，膜処理などの浄化処理をした後に一次洗浄液として再利用するなど，節水型の洗浄システムを採用する傾向が高まっている．

5.2　界面活性剤との併用効果

洗浄・殺菌操作における次亜塩素酸水溶液の短所は，水溶液の表面張力が大きいために，野菜表面を濡らす湿潤力および気孔などの細部への浸透力に劣る点である．これは，媒体である水の短所にほかならない．たとえば，ある種の野菜の表面は疎水性クチクラ層で覆われ，細菌よりもはるかに大きい気孔など の植物器官が存在することから，付着細菌にとって好ましい自己防衛環境が整えられている[2]．この対策として，食品乳化剤を併用して次亜塩素酸水溶液の表面張力を減少させて濡れ性を高める方法が報告されている[3,4]．

5.2.1　水の湿潤力と浸透力

水分子（H_2O）は，強い極性構造を持つ．水の表面張力が大きいのは，水分子間に van der Waals 力に加えて水素結合が働いているためである．水は極めて小さい分子量にもかかわらず，強い分子間力によって 1 つの巨大分子のような挙動をとる．分子量 18 の水の沸点や蒸気潜熱がきわめて大きいのも，すべ

A）凹み部への水の浸透

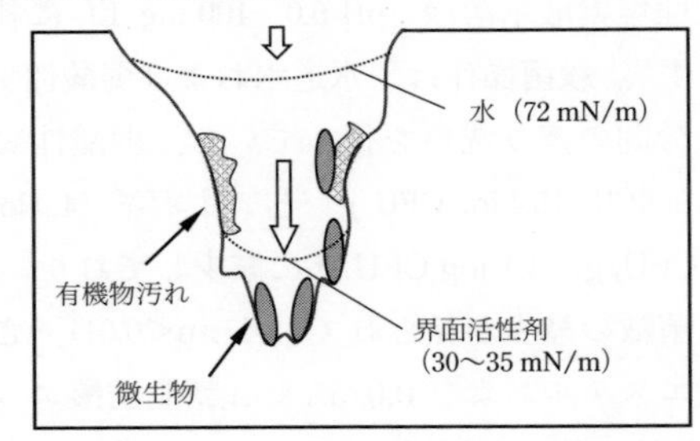

B）固体表面上の水滴

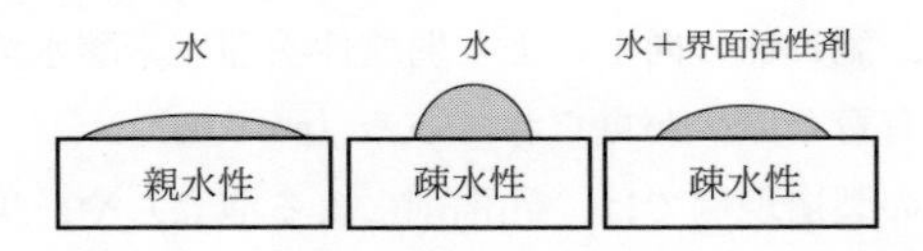

図 5.2　野菜表面の凹み部への水の浸透性および固体表面上の水滴の濡れ広がりに及ぼす界面活性剤の効果

て強い分子間力に起因する．

図 5.2A は，野菜の表面に存在する微少な凹みに存在する汚れや微生物を示している．水の場合，表面張力が大きい（72 mN/m）ために，凹みの入り口付近までしか浸透しない．すなわち，媒体である水が浸透しなければ次亜塩素酸は汚れや微生物と接触することができない．一方，水に適当量の界面活性剤を添加すると，水の表面張力が減少して凹みの深部まで浸透する．例えば，弱酸性次亜塩素酸水溶液（pH 6.0，100 mg/L）に 0.025% の食品乳化剤（ポリグリセリン脂肪酸エステル）を添加することにより，表面張力（20℃）は 70.6 mN/m から 31.3 mN/m にまで低下する[4]．その結果，洗浄・殺菌成分が汚れと微生物に作用することができる．

図 5.2B は，親水性と疎水性の表面に置いた水滴を表している．親水性表面の場合，水滴は濡れ広がり接触面積を大きくとる．疎水性表面では水滴は半球形状で止まる．これは，水に対する濡れ性の違いを表している．一方，水に界面活性剤を添加して水滴を疎水性表面に置くと，固体表面と水の界面張力は減少し，濡れ広がりを示すようになる．

5.2.2 野菜の洗浄・殺菌

図 5.3 に，一般に所望する殺菌効果が得られにくいキュウリとアオネギを対象に，弱酸性次亜塩素酸水溶液（pH 6.0，100 mg/L）に乳化剤を配合したときの殺菌効果を示す[4]．殺菌操作は，水道水および弱酸性次亜塩素酸水溶液を用いて流水下で1分間の擦り洗いを行っている．弱酸性次亜塩素酸水溶液単一処理により，キュウリ（5.4-log CFU/g）とアオネギ（4.9-log CFU/g）の初発菌数は，各々3.8-log CFU/g，4.1-log CFU/g に減少しており，水洗浄と比較して，いずれも有意な生菌数の減少が見られている（$p<0.01$）．さらに，0.025% ポリグリセリン脂肪酸エステルおよび 0.025% ショ糖脂肪酸エステルを配合した弱酸性次亜塩素酸水溶液を用いた同様の処理により，キュウリとアオネギの初発菌数は，各々2.9-log CFU/g と 2.2-log CFU/g，2.8-log CFU/g と 2.1-log CFU/g に減少するなど，濡れ性の向上により弱酸性次亜塩素酸水溶液単一処理と比較しても生菌数に有意な減少が見られている（$p < 0.05$）．

ただし，実際の製造現場では，乳化剤による泡立ちや，実験室レベルと同等の殺菌効果が再現良く得られないという問題が残されている．

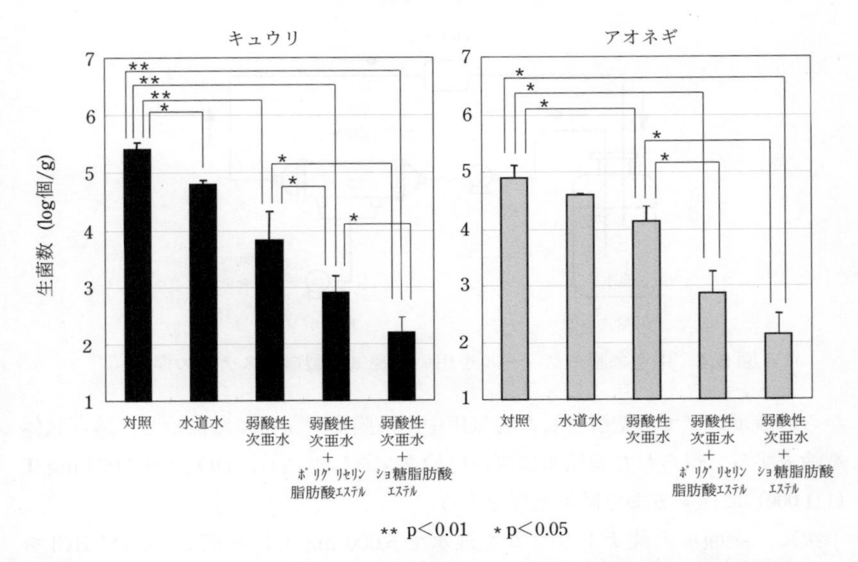

図 5.3 キュウリとアオネギに対する食品乳化剤配合弱酸性次亜塩素酸水溶液の殺菌効果[4)]
（弱酸性次亜水：FAC 濃度 100 mg/L, pH 6.0；乳化剤：0.025%）

5.3 脱気次亜塩素酸水溶液の利用

水による濡れ性や浸透性を妨げる要因の一つに，溶存気体の影響がある．過去の研究では，脱気水を用いることにより繊維の微細孔への浸透性[5, 6)]や小豆の吸水性[7)]が高まる事例が報告されている．これらの研究で使用した脱気水は，溶存酸素（DO）濃度でおおよそ 0.01～1.0 mg/L 程度の脱気度であった．したがって，さらに脱気度の高い脱気水を用いて次亜塩素酸水溶液を調製することにより，野菜表面の細孔部への浸透を増加させれば，殺菌効果が高まる可能性がある．

ここでは，高度脱気水で希釈した弱酸性次亜塩素酸水溶液を用いて，カット野菜を浸漬処理したときの有効性について考察する．

5.3.1 脱気次亜水の調製

図 5.4 に，実験に用いた脱気水製造システムの模式図を示す．水の脱気度は，DO 値を指標としている．純水（DO 値：4.0 mg/L：pH 6.0）を供給タンク

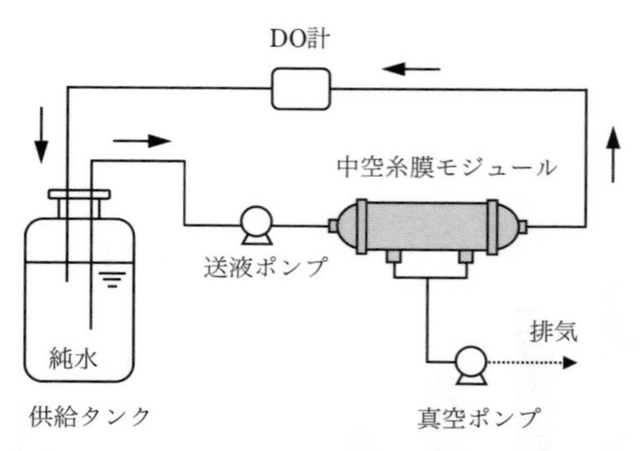

図 5.4　中空糸膜モジュールを用いた脱気水製造システムの模式図

から送液ポンプで真空引きした脱気用中空糸膜モジュールに供給し，溶存気体を除去する．得られた脱気水は再び供給タンクに返送し，DO 値が 0.004 mg/L（1/1,000）に達するまで循環処理をする．

次に，次亜塩素酸ナトリウムを純水で 5,000 mg/L に希釈し，0.1M HCl を用いて pH 6.0 に調整する．この pH 6.0 の次亜水を脱気水で 50 倍希釈して 100 mg/L の弱酸性の脱気次亜塩素酸水溶液を調製する．

なお，この希釈操作を純水で行ったものを純水次亜水，脱気水で行ったものを脱気次亜水，飽和炭酸水で行ったものを炭酸次亜水と表記する（pH は 6.0 に調整）．

5.3.2 カット野菜の殺菌処理 [8)]

野菜は，レタス，キャベツ，トレビス，ミズナ，モヤシ，ニンジン，ダイコン，タマネギ，の 8 種類を用いた．各野菜は，10 分間冷水中で浸漬洗浄した後，適当な大きさにカットした．レタスは 50 mm 角にざく切り，キャベツとトレビスは千切り，水菜は 30 mm にざく切り，ダイコンとニンジンは短冊切り（10 mm×40 mm），タマネギはくし形切りとし，モヤシは市販の大きさのまま使用した．

表 5.1 に，純水，純水次亜水，脱気次亜水を用いてカット野菜を 10 分間浸漬処理（25℃）した時の生菌数と対数減少値を示す．野菜の種類によって差はあるが，対数減少値は，純水次亜水で 0.6-log～1.3-log，脱気次亜水で 1.1-log～1.6-log である．8 種類の野菜すべてにおいて，脱気次亜水の対数減少値が純水次亜水の値を上回る結果となっている．特に，葉茎菜類のレタス（⊿ 1.0-log 増）

表 5.1 カット野菜に対する純水次亜水と脱気次亜水の殺菌効果[8]

野菜	処理水	生菌数 (CFU/g)	対数減少値 (−)
レタス	純水	4.3×10^4	−
	純水次亜水	1.2×10^4	0.6
	脱気次亜水	1.2×10^3	1.6
キャベツ	純水	2.1×10^4	−
	純水次亜水	4.3×10^3	0.7
	脱気次亜水	1.1×10^3	1.3
トレビス	純水	9.3×10^5	−
	純水次亜水	8.3×10^4	1.0
	脱気次亜水	6.3×10^4	1.2
ミズナ	純水	1.9×10^6	−
	純水次亜水	2.0×10^5	1.0
	脱気次亜水	1.3×10^5	1.2
モヤシ	純水	5.6×10^6	−
	純水次亜水	2.9×10^5	1.3
	脱気次亜水	1.9×10^5	1.5
ニンジン	純水	5.8×10^4	−
	純水次亜水	1.2×10^4	0.7
	脱気次亜水	4.5×10^3	1.1
ダイコン	純水	7.6×10^3	−
	純水次亜水	6.6×10^2	1.1
	脱気次亜水	4.0×10^2	1.3
タマネギ	純水	5.6×10^5	−
	純水次亜水	5.5×10^4	1.0
	脱気次亜水	4.9×10^4	1.1

処理条件：FAC 濃度 100 mg/L，pH 6.0，浸漬時間 10 min，25℃．n＝3

とキャベツ（⊿0.6-log 増）に比較的大きな差が見られる．

脱気次亜水を用いた浸漬処理においては，葉茎菜類が沈降する現象が見られる．**図 5.5** に，典型的な例として純水次亜水および脱気次亜水にレタス，キャベツ，モヤシを浸漬処理した時の写真を示す．いずれの野菜も，純水次亜水では水面に浮いているが，脱気次亜水中では沈降する様子がわかる．これは，脱気次亜水中において野菜の浮力が減少するという興味深い現象である．

表 5.2 に，純水，純水次亜水，炭酸次亜水を用いてカット野菜を 10 分間処理した時の結果を示す．対数減少値は，純水次亜水で 0.8-log〜1.1-log，脱気次

(A) レタス

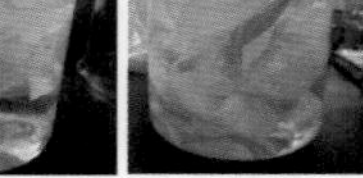

純水次亜水　脱気次亜水

(B) キャベツ

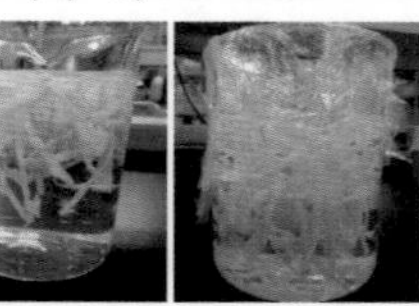

純水次亜水　脱気次亜水

(C) モヤシ

純水次亜水　脱気次亜水

図 5.5 カット野菜を純水次亜水および脱気次亜水に浸漬している時の様子[8)]

表 5.2 カット野菜に対する純水次亜水と炭酸次亜水の殺菌効果[8)]

野菜	処理水	生菌数 (CFU/g)	対数減少値 (−)
レタス	純水	1.8×10^{5}	−
	純水次亜水	2.2×10^{4}	0.9
	炭酸次亜水	1.1×10^{5}	0.2
キャベツ	純水	5.2×10^{4}	−
	純水次亜水	6.9×10^{3}	0.9
	炭酸次亜水	1.2×10^{4}	0.6
トレビス	純水	6.2×10^{5}	−
	純水次亜水	5.5×10^{4}	1.1
	炭酸次亜水	1.0×10^{5}	0.8
ミズナ	純水	3.3×10^{6}	−
	純水次亜水	5.2×10^{5}	0.8
	炭酸次亜水	7.9×10^{5}	0.6
モヤシ	純水	1.2×10^{6}	−
	純水次亜水	9.2×10^{4}	1.1
	炭酸次亜水	1.2×10^{5}	1.0
ニンジン	純水	6.1×10^{3}	−
	純水次亜水	9.4×10^{2}	0.8
	炭酸次亜水	4.9×10^{2}	1.1
ダイコン	純水	8.6×10^{3}	−
	純水次亜水	8.0×10^{2}	1.0
	炭酸次亜水	6.2×10^{2}	1.1
タマネギ	純水	4.8×10^{5}	−
	純水次亜水	4.6×10^{4}	1.0
	炭酸次亜水	5.9×10^{4}	0.9

処理条件：FAC 濃度 100 mg/L，pH 6.0，浸漬時間 10 min，25℃.
n＝3

亜水で 0.2-log～1.2-log である．炭酸次亜水の葉茎菜類に対する対数減少値は，純水次亜水の値よりも相対的に低くなる傾向となり，特にレタス（⊿ 0.7-log 減）で殺菌効果の大きな減少が見られている．また，炭酸次亜水中ではいずれの野菜においても沈降は見られず，野菜の表面に多数の CO_2 の気泡が形成される．

このように，カット野菜に対する殺菌効果は脱気次亜水＞純水次亜水＞炭酸次亜水の順に高いことが示された．これは，各種次亜水の野菜表面に吸着する溶存気体の量および細孔部への浸透性の違いに起因することを示唆している．

5.3.3　脱気次亜水の浸透性と殺菌効果の考察

水の浸透性が向上する一つの要因として，表面張力の低下が挙げられる．そこで，DO 値が 4 mg/L および 0.004 mg/L の純水の表面張力を調べた結果，各々72.4 mN/m および 71.9 mN/m であり，脱気前後での有意差は見られないことを確認している．したがって，脱気次亜水の増加した殺菌効果は，水溶液の表面張力の低下に起因するものではないと考えられる．

表 5.3 に，純水，脱気水，炭酸水に小豆を浸漬したとき（3 時間）およびポリブチレンテレフタレート・メルトブロー（PBT-MB）不織布を水面に浮かべたとき（3 時間）の吸水量を示す．小豆の吸水量は脱気水＞純水＞炭酸水の順となっている．純水と脱気水の差は比較的小さいが，脱気水と炭酸水の吸収量には約 2 倍の差が見られる．この結果は，溶存 CO_2 が小豆の吸水性を妨げていることを示している．この要因として，水中の溶存気体が疎水性の小豆表面に吸着して微細気泡化することにより細孔部への水の浸入や接触を妨げていることが挙げられる．

また，不織布おいても脱気水での吸水量がもっとも多く，炭酸水の吸水量はもっとも少なくなっている．ここでも，溶存 CO_2 が水の繊維間隙への浸透を妨げる現象が顕著に現れている．過去の類似研究では，繊維への脱気水の浸透性が大きい理由について，繊維の微細な孔に存在する空気を脱気水が吸収することによって空気と水の置換（濡れ）が起こり，その結果として浸透性が高まると考察されている[4,5]．

表 5.3　小豆および PBT-MB 不織布の吸水量に及ぼす溶存気体の影響[8]

水	吸水量（mg/g）	
	小豆	不織布
純水	32.1	56.3
脱気水	38.3	93.0
炭酸水	18.4	26.5

給水時間：3 時間，20℃

このように，脱気次亜水を用いることによ

り，水溶液の表面張力を変えることなく，カット野菜の殺菌効果を改善することができる．脱気によって増加した殺菌効果は，野菜表面の細孔部への高い浸透性に起因していると考えられる．脱気次亜水の浸透性を高める要因は，野菜表面に吸着する溶存気体がきわめて少ないこと，そして微細孔に存在する気体分子の吸収と濡れの進行であると考えられる．今後は，脱気次亜水の殺菌効果に及ぼす物理的作用力の影響についても検討し，最適な処理条件を設定する必要がある．

引用・参考文献

1) 辻　薦：食品工場における洗浄と殺菌，p. 49–166, 建帛社，東京 (1984).
2) 磯部賢治：表面科学，**22**, 652–662 (2001).
3) 中川良二 他：食科工，**51**, 367–369 (2004).
4) 小野朋子 他：防菌防黴，**33**, 253–262 (2005).
5) 松田千可子 他：家政誌 , **46**, 657–662 (1995).
6) Matsuda, C. et al.: *J. Soc. Fiber Sci. Technol. Jpn.*, **52**, 536–541 (1996).
7) 竹原淳彦，福崎智司：食科工，**49**, 605–610 (2002).
8) 中村隼人 他：調理食品と技術，**25**, 1–7 (2019).

第6章　室内空間における低濃度次亜塩素酸の安全性

前章までに述べたように，次亜塩素酸水溶液（酸性～アルカリ性）は様々な産業で長年使用されてきた．次亜塩素酸水溶液の使用例を挙げると，食品工場では設備・機器や食材の洗浄・殺菌に，農業では特定農薬として野菜や果物への散布に（KCl 水溶液を電気分解して得られる電解次亜塩素酸水），水畜産業では海水の殺菌，畜・鶏舎および畜・鶏体の消毒と脱臭，種卵の消毒，鶏の飲料水などに使われている．その他には，遊泳用プールではプール水の殺菌に，家庭では台所用，浴室用，繊維用の除菌・漂白などに汎用的に用いられている．

次亜塩素酸水溶液を使用する各種の屋内施設においては，いわゆる「塩素臭」が感じられる．この臭気成分の正体は，水溶液から揮発した気体状の次亜塩素酸（$HOCl_{(g)}$）である．非解離型 HOCl は揮発性であるため，水溶液の撹拌，バブリング，空間噴霧，通風気化によって室内空間に放散（液相から気相へ移動）する．このような室内環境では，作業者は次亜塩素酸水溶液の微細粒子や気体状次亜塩素酸と接触することになる．次亜塩素酸水溶液の安全性については，実験動物を用いた経口投与試験，眼刺激試験，皮膚刺激性および感作試験，粘膜刺激性，急性毒性，変異原性など数多くの試験項目で確認されている[1-4]．

一方，微細粒子やガス状物質の場合，最も重要な暴露経路は吸入である．当然ながら，気体状次亜塩素酸は極低濃度であっても生物に対して作用力を与える．次亜塩素酸の濃度によってはヒトへの影響も無視することはできない．それゆえ，次亜塩素酸水溶液を安全かつ有効に使用するためには，作業環境の安全基準を知り，作業環境における濃度を適正に管理する必要がある．

6.1　気体状の次亜塩素酸の安全性

6.1.1　安全性基準

気体状の化学物質に対する安全性の基準として，労働安全衛生法の環境基準および日本産業衛生学会が定める許容濃度がある[5]．これらは，1日8時間，週40時間曝されても健康上問題のない濃度である．現在，次亜塩素酸に対する基準は定められていないが，塩素ガス（Cl_2）に対して0.5 ppm（＝500 ppb）と定められている．また，欧州連合リスク評価書（塩素）においても，塩素0.5 ppmを呼吸器刺激に関するNOAEC（無毒性濃度）とみなしている[6]．塩素ガスは，生体の水と反応すると速やかに次亜塩素酸に変換され（1.2式，p.1），この次亜塩素酸が生体に影響を及ぼすことになるから，次亜塩素酸の生体への影響は塩素ガスの影響に置き換えて評価することができる[6]．さらにいえば，(1.2) 式では副生物として塩酸が生成するため，生体組織に与える影響は塩素ガスの方が大きいと考えられる．また，筆者の感覚では，気体状次亜塩素酸が約10 ppb存在すれば嗅覚で感知できる．すなわち，基準値を超える（> 500 ppb）次亜塩素酸の存在に気付くことなく長時間曝される心配はないため，無臭の化学物質と比較すると安全性ははるかに高い．

なお，気体の濃度の単位である「ppm, ppb」は体積比であり，液体中の濃度の単位「mg/L (ppm)」である重量比とは異なる（水の比重を1.0とすると1 kgと1 Lは等価となる）．

6.1.2　ヒトの呼吸器

図6.1に，ヒトの上気道と下気道の図を示す[6]．上気道は鼻，鼻腔，咽頭，喉頭までを指し，下気道は気管，気管支，肺までを指す．肺胞は，ガス交換の場であり，肺の容積の約85%を占める．肺胞はガスを溜める肺胞腔（気腔）と，これを囲む肺胞上皮からなる．上気道の役割は，入ってきた空気を加湿，加温

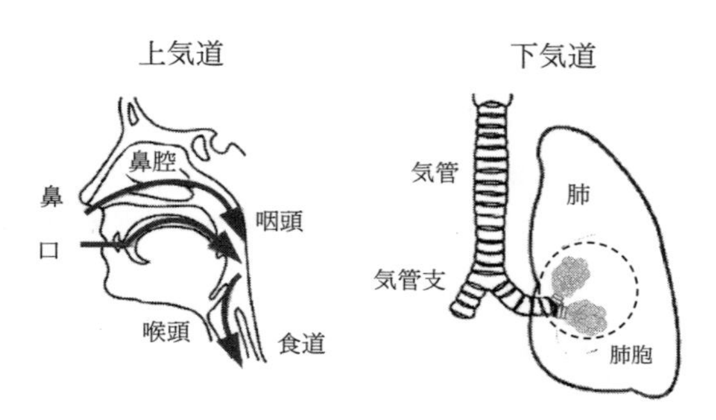

図6.1　ヒトの呼吸器における上気道と下気道
(引用・参考文献6) を一部改変)

し，粘液や粘膜は外来の異物を捕捉して呼吸器系を防御することにある．特に，加湿による上気道表面の水分子は，汚れに対する接着効果（水素結合）を高める働きをする．次亜塩素酸は，塩素よりも水分子との吸着親和性がきわめて高いため，上気道で捕捉されやすいことは容易に理解できる．

6.2　塩素ガスの吸入に関する研究事例

欧州連合リスク評価書（塩素）では，実験動物やヒトにおける吸入試験の詳細がまとめられている[7]．ラットやマウスを低濃度の塩素ガス（2.5 ppm 以下）に暴露した場合，塩素の影響は上気道だけに生じており，2 年間の吸入暴露試験において病変は鼻道に限局して認められたとしている．

サルを用いた塩素の吸入毒性試験では，0.1, 0.5, 2.3 ppm の塩素ガスを 1 日 6 時間，週 5 日で 1 年間実施した例が報告されている[7, 8]．この試験では，2.3 ppm の塩素で上気道に影響が認められたが，0.5 ppm および 0.1 ppm で見られた変化は，臨床的意義に疑いのある変化しか誘発されないことが示されている．さらに，サルはラットよりも塩素に対して感受性が低いと考察されている[6, 7]．この試験では，NOAEL（無毒性量）は 0.5 ppm とされた．

ヒトにおいては，低濃度の塩素ガス（ピーク濃度 3 ppm）を種々の呼吸流量（250～1,000 mL/s）で投与する試験が行われている．その結果，呼吸流量が増加しても，鼻呼吸や口呼吸において呼吸器の気腔（気管支–肺胞）に達する塩素ガスは増加しないとしている．それは，塩素ガスは水溶液中では速やかに可逆的に加水分解されるためである．そして，被験者全例において，吸入された塩素ガスの 95% を超える量が上気道で吸収され，上気道を超えて行くのは 5% 未満で，気腔に達する塩素ガスは無いと記されている．

低濃度の塩素ガス（< 0.5 ppm）と比較すると，上気道の有機物量ははるかに多いため，酸化剤としての塩素は速やかに消費されたと考えられる．また，塩素ガスのヒトの呼吸器系への影響を評価する場合，げっ歯動物（ラットやマウス）よりもサルの事例を参考にする方がふさわしいと考える．

6.3　気体状次亜塩素酸の吸入に関する研究事例

従来，気体状の次亜塩素酸（$HOCl_{(g)}$）を用いた吸入毒性試験の報告事例は極めて少ない．

まず，次亜塩素酸水溶液を供給した通風気化式加湿装置（第8章参照，p.95）から排出された気体状次亜塩素酸にマウスおよびラットを暴露させた試験・研究事例を紹介する．なお，この加湿装置では水の気化が主として起こるため，次亜塩素酸供給装置からの排出空気を次亜塩素酸加湿空気と呼ぶこともある．

6.3.1　マウス肺を用いたコメットアッセイ

試験は，通風気化式加湿装置に水道水（陰性対照）および次亜塩素酸水溶液（100, 1,000 mg/L；pH 9.0）を供給して水蒸気含有空気および $HOCl_{(g)}$ 含有空気を給気し，飼育室内の金網ゲージに収容したマウス5匹に48時間連続暴露して行われた（3 m^3/min）．加湿装置内の次亜塩素酸水溶液の濃度を保つために，10～12時間毎に給水を行っている．吹き出し空気中の $HOCl_{(g)}$ 濃度は，100 mg/L供給系で20～32 ppb，1,000 mg/L供給系で150～200 ppbである．陽性対照群には，メタンスルホン酸エチル（EMS）を強制経口投与している．48時間の暴露後，肺よりコメットアッセイ用の標本を作製し，%DNA in tail（DNA傷害の指標）とヘッジホッグ頻度（細胞毒性の指標）の分析に供した．

水道水および次亜塩素酸水溶液を供給した系では，動物の一般状態の異常，死亡例，体重の大きな変化はなく，顕著な毒性作用は認められていない．また，%DNA in tailの有意な増加も認められず，ヘッジホッグ頻度にも顕著な変

A）水道水暴露群（陰性対照群）

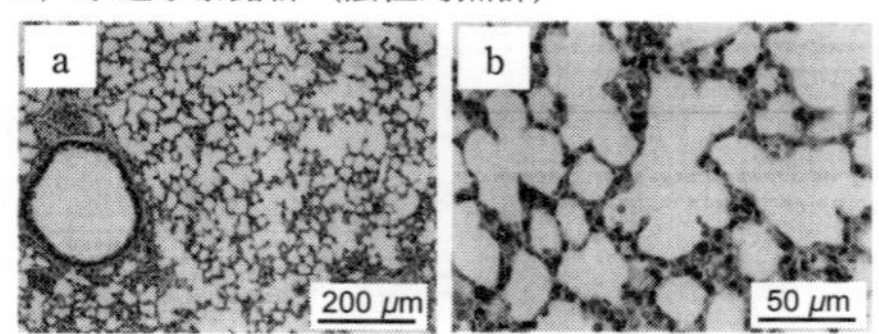

B）気体状次亜塩素酸暴露群（150～200 ppb）

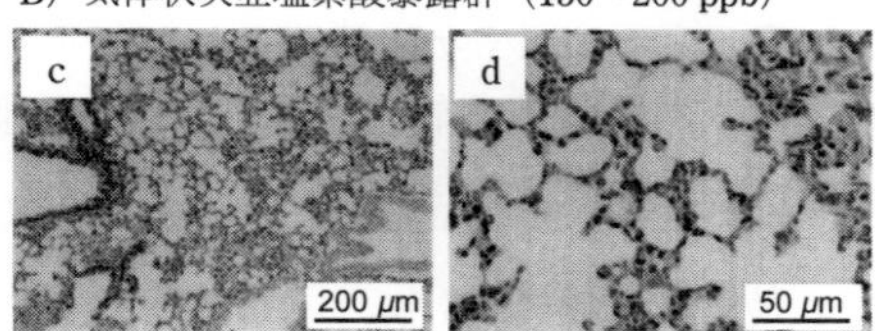

図6.2　48時間暴露後のマウスの肺の病理組織像
a, c：低倍率；b, d：高倍率
（パナソニックエコシステムズ㈱より資料提供）

化は認められていない．一方で，EMS 陽性対照群では %DNA in tail が有意に増加したことから，DNA 傷害は正しく評価していると判断できる．以上の結果から，マウスの気体状次亜塩素酸への暴露は，肺の細胞に DNA 傷害を誘発しないと結論付けられている．

図 6.2 に，水道水および次亜塩素酸水溶液（1,000 mg/L）を供給した系のマウスから採取した肺の組織検査における代表的な顕微鏡写真を示す．各群の肺および気管支の病理組織学的検査においても変化は認められない．

6.3.2　ラットを用いた亜慢性吸入毒性試験[9]

実験は，通風気化式加湿装置に電解水（110 mg/L，pH 8.4）を供給して $HOCl_{(g)}$ 含有空気を給気し（文献では中性電解水加湿空気と表記），飼育室内の金網ゲージに 2 匹ずつ計 26 匹を収容したラットに 6 時間 / 日，5 日 / 週で暴露して行われた（5 m^3/min）．暴露期間は 90 日間である．対照群には，通常の空気を吸入させている．この研究[4]では，$HOCl_{(g)}$ の濃度は測定されていないが，筆者らが類似の条件で実験したところ吹き出し空気中の $HOCl_{(g)}$ 濃度は 20〜30 ppb の範囲と想定される．

暴露前，暴露中，暴露後の観察期間を通して，対照群および暴露群ともに死亡例はなく，一般状態も異常は認められず，体重の推移にも有意差は認められていない．

血液学的検査と血液生化学的検査では，暴露群において有意な低値が見られた項目（白血球数，アルカリフォスファターゼ，尿素窒素，中性脂肪）や有意な高値が見られた項目（硫酸亜鉛混濁試験，コレステロール，Na）もあったが，いずれも暴露によって生じたものではなく，生理的に起こりうる変動範囲内であると判断されている．

肺の病理組織学的検査では，すべてのラットの肺，肝臓，腎臓などの主要臓器には肉眼所見に異常は認められていない．肺組織では，暴露群および対照群において軽度の肺胞腔内の泡沫状細胞，気管支周囲細胞浸潤，気管支粘膜の肥厚が観察されたが，両群に特記すべき差は認められていない．

以上の結果から，電解水から揮発させた気体状次亜塩素酸の亜慢性吸入毒性は低いと判断できる．

6.4　超音波霧化粒子を用いた研究事例

6.4.1　血液一般および生化学値に及ぼす影響[10)]

実験は，超音波霧化器に 50, 100, 200 mg/L の弱酸性次亜塩素酸水溶液（pH 5.5～5.8）を充填して霧化噴霧し，13, 27, 53 mg/h·m^3 の 3 段階の気中濃度の霧化微細粒子をラット（8 匹 /3 群）に吸入させて行われた．吸入期間は 90 日間である．対照群には，水道水を霧化噴霧して吸入させている．

吸入期間を通して，対照群および暴露群ともに臨床所見は良好であり，体重の推移にも有意差は認められていない．肝機能，代謝機能，腎機能，血液一般検査，血液学的検査においても，両群に顕著な相違は認められていない．

このことから，少なくとも 13～53 mg/h·m^3 の気中濃度の霧化微細粒子であれば全身毒性および吸入毒性はないと考えられる．

6.4.2　気管支内投与による急性毒性試験

試験は，次亜塩素酸水溶液の微細粒子が高濃度で気管支に到達したことを想定して，その影響を確かめるために実施されたものである．

弱酸性次亜塩素酸水溶液（250 mg/L，pH 6.5）をラット（5 匹 / 群）の気管内に 0.5 mL/kg の投与用量で投与する（試験群）．観察期間は 14 日間である．対照群には，注射用水（日局）を投与している．

14 日間の観察期間を通して，対照群および試験群ともに死亡例はなく，一般状態も異常は認められず，投与後 7 日目および 14 日目の体重変化にも差は認められていない．

全身諸器官の肉眼的検査，肺重量，気管支肺胞洗浄液の総細胞数および細胞分画の等分散性にも両群に有意な差は認められていない．

図 6.3 に，対照群および試験群のラットから採取した肺の組織検査における顕微鏡写真を示す．各群の肺胞および気管支に異常は認められない．また，好中球，好酸球，好塩基球，リンパ球および形質細胞の浸潤も認められていない．

以上の結果から，弱酸性次亜塩素酸水溶液（250 mg/L，pH 6.0）の気管支内投与は急性全身毒性を引き起こさず，肺への毒性を示さないと考えられる．

A）注射用水投与（対照群）

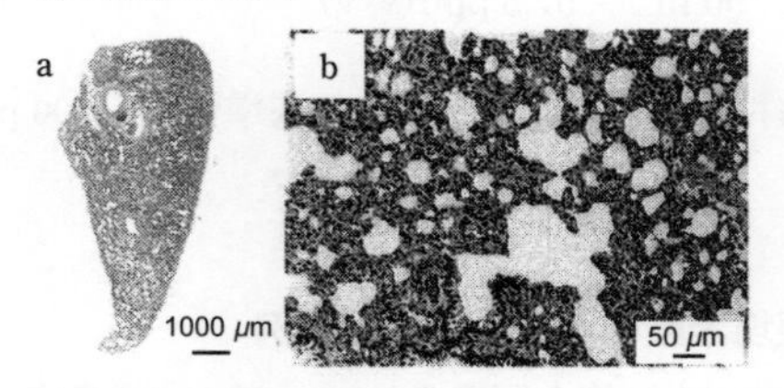

B）次亜塩素酸水溶液投与（試験群）

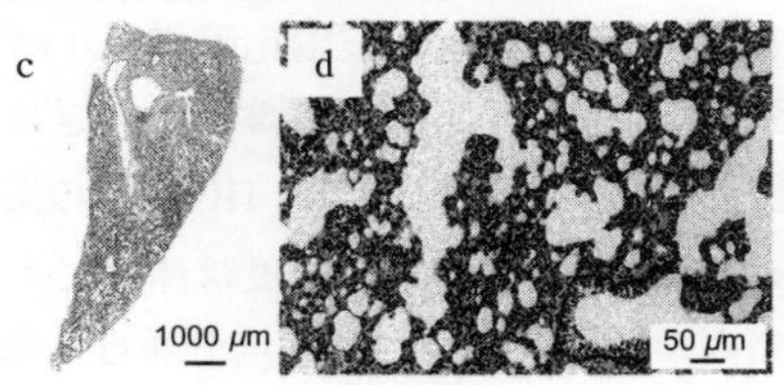

図 6.3　投与 14 日後のラットの肺の病理組織像
a, c：低倍率；b, d：高倍率
（㈱エイチ・エス・ピーより資料提供）

6.5　超音波霧化噴霧における次亜塩素酸の室内濃度[11)]

6.5.1　気体状次亜塩素酸の室内濃度の理論的計算

一定容積の室内（$90m^3$）において，一般的な噴霧条件である 50 mg/L の次亜塩素酸水溶液を 300 mL/h で 1 時間霧化噴霧したときの室内の気体状次亜塩素酸 $HOCl_{(g)}$ の濃度を理論的に計算してみる．

まず，標準状態（0℃，1 atm）における理想気体 1 mol の体積を 0.0224 m^3 とすると，理想気体の状態方程式から 25℃での体積は約 0.0244 m^3 となる．次に，噴霧した微細粒子から全ての次亜塩素酸が揮発し，かつ揮発した $HOCl_{(g)}$ の分解および固体表面への吸着は起こらないと仮定する．FAC 濃度「mg/L」は，1 L あたりの Cl_2 換算量であるから，Cl_2 の分子量を 70.91 とすると，1 時間霧化後の室内には 5.16×10^{-6} m^3 の $HOCl_{(g)}$ が存在することになる（6.1 式）．90 m^3 の室内に $HOCl_{(g)}$ が均一に拡散したとすると，$HOCl_{(g)}$ 濃度は 57.3 ppb(v/v) と算出される（6.2 式）．

$$[0.05 \times 300/1000]/70.9 \times 0.0244 = 5.16 \times 10^{-6} \mathrm{m}^3 \qquad (6.1)$$

$$5.16\times10^{-6}\,\mathrm{m^3}/90\,\mathrm{m^3} = 57.3\,\mathrm{ppb\,(v/v)} \qquad (6.2)$$

一般的な噴霧条件では，理論上は Cl_2 の基準濃度（500 ppb）の約 1/10 程度の濃度となる．

6.5.2 気体状次亜塩素酸の濃度分布の測定例

図 6.4 に，上記理論的計算と同条件にて，90 m^3 の室内において弱酸性次亜塩素酸水溶液（pH 5.8, 50 mg/L）の超音波霧化噴霧を 1 時間行った後の室内の $HOCl_{(g)}$ の濃度分布を示す（単位：ppb）．噴霧口の高さは，床から 1.0 m である．霧化器からの各距離において測定された $HOCl_{(g)}$ の濃度には，高さ方向の濃度分布があることがわかる．$HOCl_{(g)}$ の濃度は床面でもっとも高く，上方に向かうほど低くなる傾向が見られる．この濃度分布は，霧化器からの距離に関係なくほぼ一致している．噴霧 1 時間後の相対湿度は 89%RH であった．

Cl_2 の安全性の基準濃度（500 ppb）と比較すると，$HOCl_{(g)}$ 濃度は床面から膝下の高さ（0〜0.3 m）のもっとも高い領域（25〜27 ppb）で約 1/20 であり，着座姿勢および成人の起立姿勢の顔の位置（吸引する位置）では約 1/30〜1/40 程度である．

実空間での $HOCl_{(g)}$ の濃度測定では，1 時間噴霧後の $HOCl_{(g)}$ 濃度の最大値

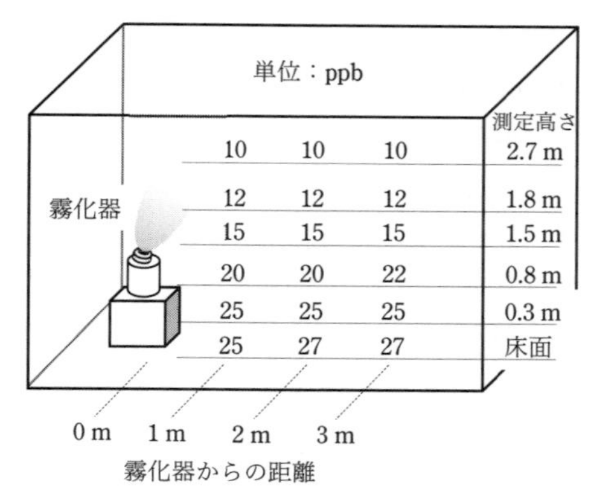

図 6.4 会議室において次亜塩素酸水溶液を超音波霧化噴霧したときの気体状次亜塩素酸の濃度分布（1 時間噴霧）[11]
（会議室：90 m^3，無人，閉扉，空気撹拌なし，ブラインド遮光；噴霧条件：pH 5.8，50 mg/L，300 mL/h，3 m^3/h）

(27 ppb) は理論値の約 47% に過ぎない．この理論値との差違は，理論計算の前提である，すべての $HOCl/OCl^-$ が微細粒子から揮発するという仮定，そして $HOCl_{(g)}$ の分解および固体表面への吸着は起こらないとする仮定が成立しないからである．HOCl は揮発性ではあるが，ヘンリー定数はオゾンや Cl_2 と比較するとはるかに低く（水に溶解しやすく）[12–14]，水溶液中には相対的に安定に存在する．

一方，放散した $HOCl_{(g)}$ の微細粒子への再吸収，室内の各種表面への吸着，吸着部位での酸化反応による分解により気相中の濃度は減少する．その結果，室内での $HOCl_{(g)}$ の放散量と消失量が低濃度領域で平衡に達したと考えられる．このように，次亜塩素酸水溶液の超音波霧化による気体状次亜塩素酸の室内濃度は極めて低濃度なのである．

図 6.5 に，$HOCl_{(g)}$ の濃度分布に及ぼす次亜塩素酸水溶液（50 mg/L）の噴霧時間および供給次亜塩素酸水溶液（pH 5.8）の濃度の影響を示す（噴霧口高さ：1.0m）．各測定値は，霧化器からの距離（1～3m）の平均値である．

噴霧時間を 1 時間から 4 時間まで延長したとき，すべての噴霧時間において

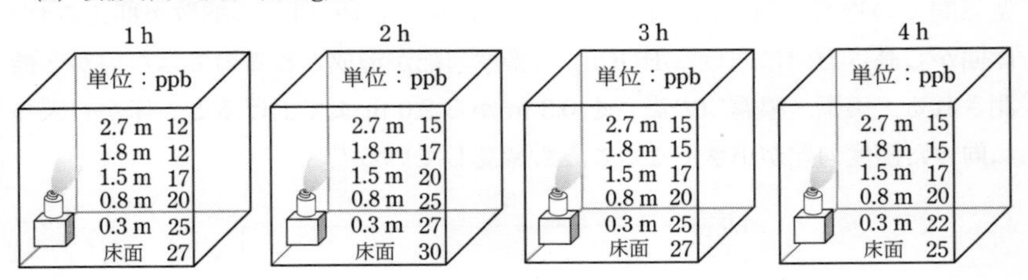

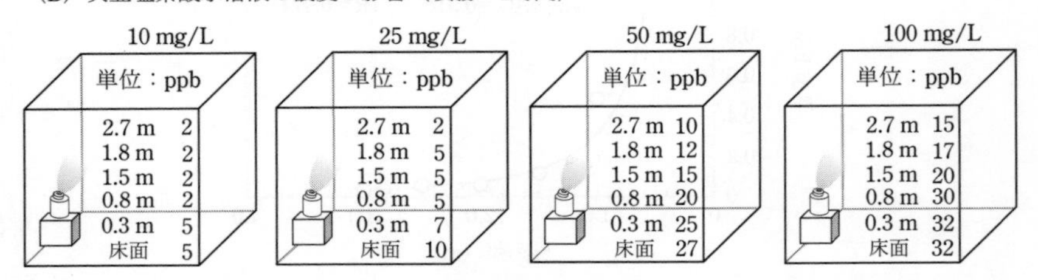

図 6.5　次亜塩素酸水溶液の超音波霧化噴霧における気体状次亜塩素酸の濃度分布に及ぼす噴霧時間（A）と供給次亜塩素酸水溶液の濃度（B）の影響[11]
（噴霧条件：図 6.4 と同じ）

$HOCl_{(g)}$ 濃度は床面から上方に向かって低くなる濃度勾配が見られている（図6.5A）．そして，噴霧時間を4時間まで延長しても $HOCl_{(g)}$ 濃度はほとんど増加していないことがわかる．噴霧4時間後の相対湿度は，99%RHであった．

供給する次亜塩素酸水溶液（pH 5.8）の濃度を高めると，測定した各高さでの $HOCl_{(g)}$ の濃度は上昇し，100 mg/Lの霧化噴霧ではもっとも高い濃度で32 ppb（測定高さ0～0.3m）となった（図6.5B）．この濃度は，Cl_2 の安全性の基準濃度（500 ppb）の約1/16である．$HOCl_{(g)}$ の濃度に及ぼす次亜塩素酸水溶液の濃度の影響は，10～50 mg/Lの範囲では強く現れているが，50～100 mg/Lでは小さいことがわかる．また，床面から天井に向けての $HOCl_{(g)}$ の濃度勾配が得られている．

高さ方向の濃度分布の形成には，浮遊微細粒子の分布の影響が考えられる．基本的に，微細粒子は水とHOClの揮発現象をともなってさらに微細化しながら，床面に向かって下降する．その結果，浮遊微細粒子数は高さが低い領域ほど多い分布になると考えられ，必然的に低い領域での $HOCl_{(g)}$ の発生量も多くなる．揮発した $HOCl_{(g)}$ は室内に拡散する動きをする一方で，落下または浮遊する微細粒子に吸収され，その後に微細粒子から再び揮発する．この微細粒子－空気間での物質移動を繰り返すことで，上方への $HOCl_{(g)}$ の拡散が抑えられ，床面から高さ方向に向けた $HOCl_{(g)}$ の濃度勾配が形成されるのではないかと推測される．実際，噴霧口の高さを0.3 mから2.0 mまで上げると，床から天井に向けた濃度勾配が小さくなることも確認している[11]．

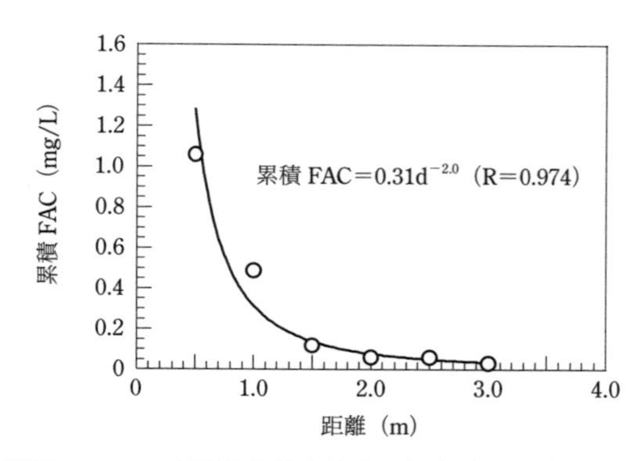

図6.6　会議室において次亜塩素酸水溶液を超音波霧化噴霧したときの床面のシャーレ水（2 mL）に累積した遊離有効塩素濃度（8時間噴霧）[18]
（噴霧条件：図6.4と同じ）

6.5.3　霧化微細粒子の到達濃度の測定例

上述のように，噴霧された微細粒子からは次亜塩素酸が揮発するため，噴霧口から離れるほど微細粒子中の次亜塩素酸の濃度は減少する．濃度の測定法は，一定の大きさの容器に微細粒子を捕集して有効塩素濃度を測定する方法が容易であるが，蛍光プローブ試薬の水溶液に次亜塩素酸を捕捉して蛍光強度を測定する方法などもある[15-17]．

図 6.6 に，上記理論的計算と同条件にて，90 m^3 の室内において弱酸性次亜塩素酸水溶液（pH 5.8, 50 mg/L）の超音波霧化噴霧を 8 時間行ったときに，床面に置いたシャーレ内の純水に捕集された微細粒子中の次亜塩素酸の遊離有効塩素（FAC）濃度（mg/L）を示す．噴霧口は，床から 1 m の位置にあり，霧化器から 0.5m 間隔で床面にシャーレを置いてある．FAC 濃度は，噴霧口から最も近い 0.5 m の位置では 1.06 mg/L であったが，距離（d）が増加するとともに減少し，3.0 m の位置では 0.03 mg/L である．これは，微細粒子が届いていないのではなく，粒子の微細化が進み床面への落下量が減少するためと思われる．このように，8 時間の噴霧でも一定容器内に捕集される次亜塩素酸は水道水レベルの濃度である．

図中の実線は，累乗近似曲線である．

$$\text{累積 FAC} = 0.31d^{-2.0}\ (R=0.974) \qquad (6.3)$$

この結果から，噴霧口から 3.0 m までの距離内において FAC 累積量はおおよそ距離の 2 乗に反比例して減少することがわかる．

6.6　通風気化式加湿器の稼働における気体状次亜塩素酸の室内濃度

6.6.1　気体状次亜塩素酸の濃度分布の測定例

図 6.7 に，無人の室内（75 m^3）において次亜塩素酸水溶液（50, 100 mg/L；pH 8.5）を供給した通風気化式加湿装置を稼働（2 m^3/min）したときの室内の $HOCl_{(g)}$ の濃度（単位：ppb）を示す．次亜塩素酸水溶液は，60 分間隔で入れ替えている．吹き出し口での $HOCl_{(g)}$ 濃度は，50 mg/L 供給系で 10～22 ppb，100 mg/L 供給系で 25～32 ppb である．測定位置は，装置から 1 m，2 m，3 m 離れた地点で床面から天井に向けた種々の高さとした．室内の $HOCl_{(g)}$ 濃度は，装置からの距離方向ではほぼ一定であったため，図には装置から 2 m 離れた

(A) 次亜塩素酸水溶液：50 mg/L

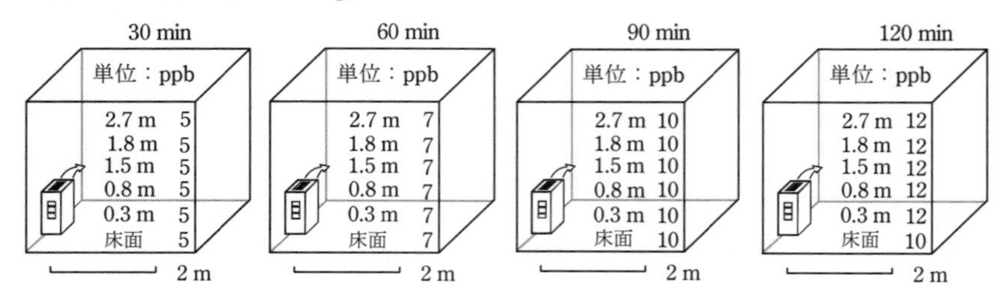

(B) 次亜塩素酸水溶液：100 mg/L

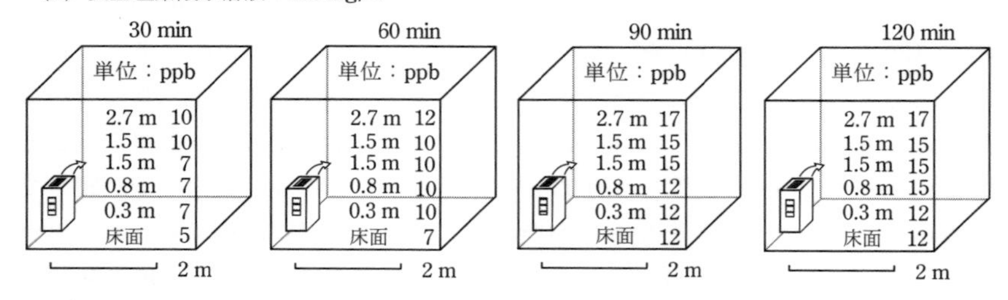

図 6.7 会議室において通風気化式加湿器を稼働させたときの気体状次亜塩素酸の濃度分布[18)]
(会議室：75 m^3，無人，閉扉，空気撹拌なし，ブラインドによる遮光；供給次亜塩素酸水溶液：pH 8.5，FAC 濃度 50, 100 mg/L，60 分間隔で入れ替え；風速：2 m^3/min)

地点での測定値のみを示す．

$HOCl_{(g)}$ の濃度は，いずれの次亜塩素酸水溶液の濃度においても床面から天井への高さ方向および装置からの距離に関係なくほぼ一定であり，$HOCl_{(g)}$ が室内に均一に拡散していることがわかる．また，稼働時間とともに，そして供給次亜塩素酸水溶液の濃度に依存して $HOCl_{(g)}$ 濃度は高くなる傾向があるが，稼働 120 分後でも 12〜17 ppb の範囲にある．この濃度は，Cl_2 の安全性の基準濃度（500 ppb）の約 1/30〜1/40 である．

この測定事例からもわかるように，通風気化式加湿装置は低濃度の $HOCl_{(g)}$ を室内に均一に拡散させることができ，より安全なシステムであることがわかる．

6.6.2 細菌に対する殺菌効果

図 6.8 は，図 6.7 の 100 mg/L 供給系において通風気化式加湿装置（2 m^3/

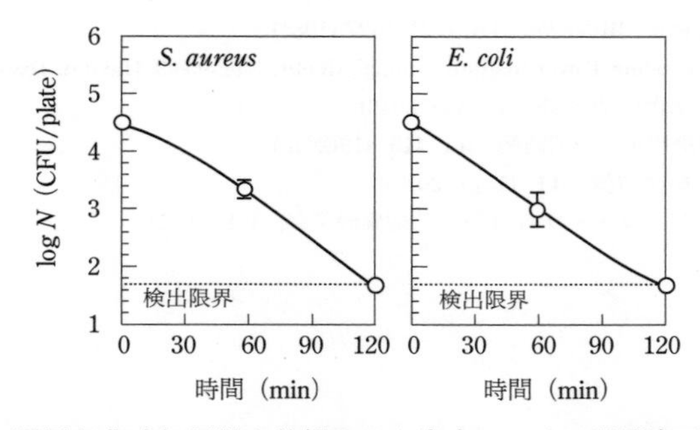

図 6.8　通風気化式加湿器を稼働させた室内における湿潤寒天平板上の細菌に対する殺菌効果[18)]
（実験条件：図 6.7 の 100 mg/L 供給系と同じ；装置から 3 m 離れた位置）

min）から 3 m 離れた棚（高さ 0.9 m）に置いた湿潤寒天平板上の黄色ブドウ球菌（*Staphylococcus aureus*）および大腸菌（*Escherichia coli*）に対する殺菌効果である（相対湿度：55～70%RH）．***S. aureus*** および ***E. coli*** とも，生残菌数は暴露時間とともに減少し，2 時間後には検出限界以下に達している（> 2.8-log 減少）．$HOCl_{(g)}$ の濃度はヒトに安全な低濃度の領域（12～17 ppb）であっても，稼働時間を 2 時間まで延長することで，十分な殺菌効果を得ることができている．$HOCl_{(g)}$ の殺菌効果に関しては，第 8 章で詳細に述べる．

引用・参考文献

1)　大滝義博：強酸性電解水の基礎知識（ウォーター研究会編），pp. 67–89，オーム社 (1997).
2)　小宮山寛機：食品と開発，**33**, 8–9 (1998).
3)　土井豊彦：防菌防黴，**30**, 813–819 (2002).
4)　小野朋子：島根大学大学院博士論文 (2014).
5)　日本産業衛生学会：産衛誌，**61**, 170–202 (2019).
6)　http://www.shimane-roushikyo.jp/files/20111025151037.pdf，（2020 年 11 月 12 日閲覧）.
7)　European Union Risk Assessment Report － CHLORINE, CAS No. 7782-50-5: https://echa.europa.eu/documents/10162/a29afaff-c207-42fa-873e-3ba647f587d8, (2007).（2020 年 11 月 23 日閲覧）.
8)　Klonne, D. R.: *Fundam.. Appl. Toxicol.*, **9**, 557–572 (1987).
9)　鈴木大輔 他：実験動物と環境，**21**, 99–108 (2013).
10)　三宅真名 他：ibid, **11**, 42–47 (2003).
11)　野嶋　俊，福﨑智司：*J. Environ. Control Technique*, **38**, 359–365 (2020).
12)　Blatchley, E. R. et al.: *Water Res.*, **26**, 99–106 (1992).

13) Holzwarth, G. et al.: *Water Res.*, **18**, 1421–1427 (1984).
14) McCoy, W. F.: Cooling Tower Institute Annual Meeting, TP-90-09, Huston, Texas (1990).
15) 浦野博水 他：防菌防黴，**38**, 573–580 (2010).
16) 浦野博水，福崎智司：防菌防黴，**41**, 415–419(2013).
17) 福崎智司 他：防菌防黴，**41**, 11–17 (2013).
18) 福崎智司 他：年次フォーラム 2021，防衛施設学会，1–8 (2021).

第7章　超音波霧化噴霧による空間微生物の制御

近年，各種の製造環境ならびに生活空間において空中浮遊菌・表面付着菌による汚染やウイルス感染症ならびに院内感染の発生が社会的な問題となっている．基本的には，食品製造環境では作業区分を区画化するゾーニングや高性能（HEPA）フィルタを用いた空気の清浄化などの遮断技術[1]，生活空間においては手洗い，うがい，マスクの着用などの防衛的な措置が微生物汚染対策や感染制御には有効である．しかし，人が活動する空間では各種表面に付着していた微生物が空間中に浮遊する頻度が高まることや，感染者の分泌物が付着した固体表面（媒介物）を経由する感染が懸念される．これに対しては，遮断技術や防衛的対策だけでは十分とはいえない．そのため，有人空間において安全かつ効果的に付着菌や浮遊菌を殺菌・不活化する技術の開発が求められている．

この対策として，次亜塩素酸水溶液を超音波振動子により微細な霧状にして空間噴霧する殺菌法（俗に言う除菌法）が注目されている．近年では，次亜塩素酸水溶液の霧化噴霧により，固体表面に付着した細菌の殺菌やウイルスの不活化を効果的に実施した研究例も数多く報告されている[2-9]．次亜塩素酸水溶液の霧化噴霧の特長としては，微細粒子によって各種表面を濡らすことなく室内空間中に拡散でき，ヒトの皮膚や粘膜を刺激しないことなどが挙げられる．

7.1　空間微生物の制御

7.1.1　制御すべき微生物はどこにいる

あらゆる空間において，微生物の存在数は「固体表面菌」の方が「空中浮遊菌」よりもはるかに多い．固体表面の中では，「床面」の微生物数がもっとも多く，次に我々の手が触れる表面に多い．これは，食品工場でも居住空間でも共通している．浮遊菌は，換気による空気の入れ換えやHEPAフィルタを通した清浄空気の給気・排気で制御できるが，問題となるのは単なる給気・排気・換気だけでは除去できない付着菌の対策である．

また，水のあるところに微生物は生育する．表面が長時間湿潤状態に置かれる環境では，微生物の生存や増殖を招く結果となるため，水の垂れ流しや放置には注意が必要である．

次亜塩素酸水溶液を用いた空間微生物制御の真の目的は，表面を濡らすことなく，そして手を掛けることなく表面付着菌を制御することにある．

7.1.2　食品衛生の基本活動とハードル理論

次亜塩素酸水溶液の空間噴霧の効果を発揮させるためには，食品衛生の基本活動を徹底することが求められる．

一般工業製品の生産現場では，生産工程の効率化や品質管理の基本要素として5S活動（整理，整頓，清掃，躾，清潔）が注目されている．5S活動は，種々の産業の生産現場で適用できるものであり，当然ながら食品工場ならびに生活空間においても有効な活動である．しかし，ここで留意すべきは，整理・整頓・清掃はあくまで作業者の目で直接確認する清潔な状態，すなわち「目で見てキレイ」な状態である．微生物の制御対策では，肉眼では見ることのできない微視的な汚れや微生物を対象とした清潔が求められている．目で見てキレイな状態さえ得られていないようでは，微生物制御はほど遠いと言える．

微生物制御技術は，大きく分けて洗浄，殺菌，静菌，遮断の4つに大別される．洗浄は，媒体として水を使用して設備や機器に付着した汚れや微生物を系外に排除する技術である（湿式洗浄）．5S活動の清掃は，清浄度レベルでは乾式洗浄に相当する．水を用いた洗浄の後は，水を適切に除去することが望ましい．殺菌は，微生物を殺滅する技術である．静菌とは，微生物の増殖を抑制する技術であり，微生物の増殖に不利な条件を適用することである．遮断とは，製品と環境因子とを隔離することにより，有害物質との接触を防止する技術である．

微生物制御には，ハードル理論と呼ばれる考え方がある．これは，1つの高いハードルを設けて微生物を制御するのではなく，いくつかの低いハードルを組み合わせることによって最終的に微生物を制御しようとするものである．微生物制御技術のうち，いずれか1つを完璧にこなせば微生物制御が達成できるというものではない．各現場に適する形で4つの技術を効果的に組み合わせて微生物を制御するという考え方が必要である．

7.2　超音波霧化

7.2.1　超音波霧化の原理と霧化微細粒子

超音波振動子の振動面に，ある厚みの液体を置き，液体の底部から液面に向けて超音波を照射すると，音としての性質の振動が伝搬し，局所的に圧力の増減が繰り返し起こる．その結果，液面では液中表面波（キャピラリー波）やキャビテーション気泡が生成し，噴水の発生と表面張力の低下が起こることにより，液体が微細粒子化されて霧状に浮遊する．この現象を，超音波霧化と呼んでいる．

図 7.1 に，市販の超音波霧化器（周波数：2.4 MHz）から噴霧された次亜塩素酸水溶液の微細粒子の粒径分布を測定した結果を示す[9]．霧化速度は約 2 mL/min，送風量は 0.05 m^3/min である．霧化粒子の粒径分布は，粒径の対数値（横軸）に対して正規分布でほぼ近似できる形を示している．この図から，各粒径の粒子を累積（積算）して 50% の横軸と交差する 50% 粒子径（メディアン径）は 4.7 μm，表面積平均粒径（ザウター平均粒径）は 4.0 μm と算出され，分布幅の狭い微細粒子が噴霧されていることがわかる．一般に，広い空間に漂う 2〜10 μm の微細な粒子は，固体表面に付着しても表面を濡らさないことが経験的に知られており，ドライな室内空間での用途に適した粒径と言える．

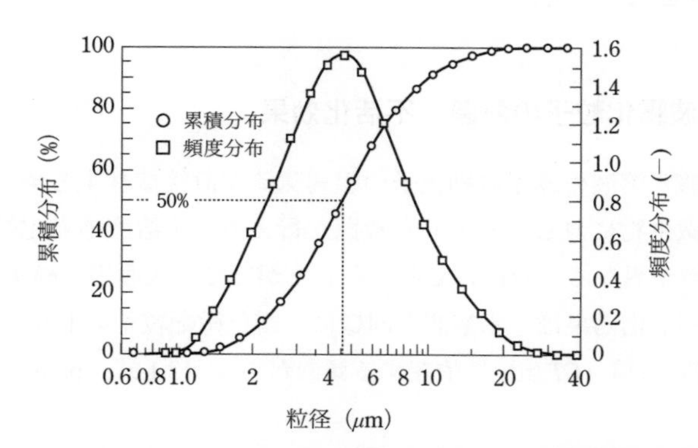

図 7.1　超音波霧化により発生した次亜塩素酸水溶液の微細粒子の粒径分布[9]
（周波数：2.4 MHz；霧化速度：2.0 mL/min；送風量：0.05 m^3/min）

7.2.2　超音波霧化による液性の変化

液体を微細粒子化すると，水溶液の全表面積が著しく増加し，気液接触面積がきわめて大きくなる．その結果，水の気化，揮発成分の放散，気体成分の溶解などの物質移動が促進される．次亜塩素酸水溶液の霧化噴霧の場合，液滴の微細化により水の気化，非解離型次亜塩素酸の揮発と CO_2 の溶解が促進される．また，次亜塩素酸の光分解が起こると，pH の低下をもたらす（7.1 式）．その結果，噴霧口から離れるほど微細粒子中の次亜塩素酸の濃度は減少する．

$$2HOCl + h\nu \longrightarrow 2HCl + O_2 \tag{7.1}$$

霧化微細粒子の到達地点での pH および FAC 濃度は，噴霧気流中に底部を保冷剤で冷却したシャーレを置き，一定時間後にシャーレ内の表面に結露した水滴を採取すれば測定できる[4, 8]．また単に，少量の水を入れたシャーレ内に FAC 成分を溶解捕集することでも測定可能である[8, 10]．

過去の研究では，180～200 mg/L に調整した次亜塩素酸水溶液の霧化実験での遊離有効塩素（FAC）の消失率は，pH 6.0 の弱酸性水溶液では 22～86%，pH 10.0 のアルカリ性水溶液では 15～74% という結果が報告されている[3, 4, 9]．また，pH の変動は，pH 6.0 で－1.5～＋1.0，pH 10.0 で－0.5～－3.0 の範囲で変化する．なお，FAC 濃度と pH の変化は，噴霧速度や室内環境（温度，湿度，空調，日光）の影響を大きく受ける．

7.3　超音波霧化粒子の殺菌・不活化効果

次亜塩素酸水溶液の霧化微細粒子の噴霧気流が直接接触する条件であれば，固体表面の微生物に対して効果的な殺菌が行える．水溶液の霧化微細粒子は，あくまで形態が異なる「液体」である．したがって，次亜塩素酸水溶液の霧化噴霧による不活化効果は，水溶液と同様に，霧化微細粒子の FAC 濃度（C）と暴露時間（T）の積（CT 値）に依存する傾向がある（2.1 式，p.16）．

7.3.1　小空間での直接噴霧

図 7.2 に，小型の実験チャンバー（0.1 m^3）内において，pH 6.0 および pH 10.2 に調整した低濃度（2～4 mg/L）の次亜塩素酸水溶液の超音波霧化微細粒子をメンブレンフィルタ上の大腸菌（*Escherichia coli*）（霧化器から 0.3 m）に直

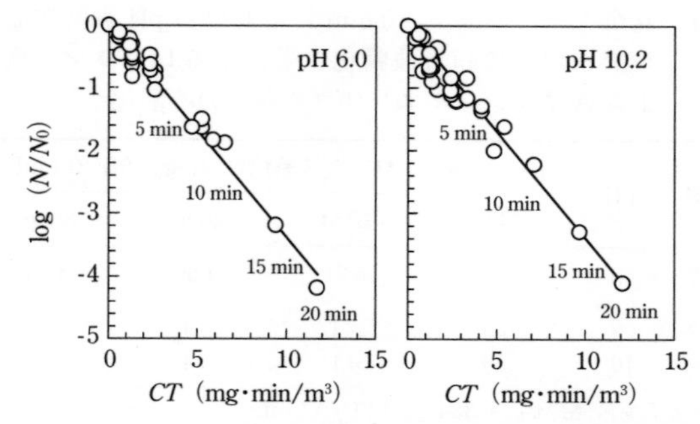

図 7.2　実験チャンバー（0.1 m^3）内における pH 調製次亜塩素酸水溶液の超音波霧化粒子によるメンブレンフィルタ上の大腸菌（*E. coli*）の殺菌[4)]
（FAC 濃度：2〜4 mg/L；霧化速度：3.0 mL/min；送風量：0.01 m^3/min）

接接触させたときの生残率の変化を示す[4)]．横軸は，初期遊離有効塩素濃度，霧化量，送風量から算出した見掛けの気中濃度と時間の積（*CT*）値（mg・min/m^3），縦軸は生残率の対数値である．いずれの pH 値においても，生残率は直線的（一次反応的）に減少し，20 分間の接触によって 4.0-log 以上の減少に達している．微細粒子がフィルタに到達した時点での pH 値は，pH 6.0 の系で pH 6.4，pH 10.2 の系では pH 7.9 に変化していた．超音波霧化では，アルカリ性の次亜塩素酸水溶液の pH は大きく中性よりにシフトすること，そして HOCl の割合が少なく揮発による濃度の減少が相対的に低いため，弱酸性水溶液と弱アルカリ性水溶液の超音波霧化の殺菌効果に液相ほどの差違は見られない．

2〜4 mg/L の次亜塩素酸水溶液は，言い方を変えれば，水道水の有効塩素濃度を少し高めた水溶液である．このような低濃度でも，微生物細胞と接触すれば有効な殺菌効果を発揮するのである．この実験系で，次亜塩素酸水溶液の濃度を 20 mg/L 以上に高めると，およそ 2 分間の暴露で検出限界以下（< 1 CFU/filter）となることも確かめられている．

表 7.1 に，安全キャビネット内（0.6 m^3）において，pH 6.0 および pH 10.0 に調整した次亜塩素酸水溶液（50 mg/L）の超音波霧化微細粒子をレーヨン不織布に付着させた A 型インフルエンザウイルス（霧化器から 0.4 m）に，10〜30 分間直接接触させたときの感染価の変化を示す[9)]．感染価はイヌ肝臓細胞（MDCK 細胞）への感染によるプラークの形成数から算出している．初期ウイルス感染価は 6.38-log$_{10}$ PFU/0.1 mL である．蒸留水を 10〜30 分間霧化した場

表 7.1　安全キャビネット（0.6 m^3）における pH 調製次亜塩素酸水溶液の超音波霧化粒子によるレーヨン不織布上の A 型インフルエンザウイルスの不活化[9]

水溶液	pH	FAC 濃度（ppm）	ウイルス感染価（$\log_{10}$ PUF/0.1 mL）		
			10 分	20 分	30 分
蒸留水	6	−	5.21	4.69	4.25
次亜水	6	50	<1	<1	<1
	10	50	<1	<1	<1

初期ウイルス感染価：6.38-$\log_{10}$ PFU/0.1 mL
霧化速度：2.0 mL/min；送風量：0.05 m^3/min.

合，感染価対数減少値は 1.18〜2.13 である．これは，自然減衰とレーヨン不織布からの回収率の影響を含んでいる．次亜塩素酸水溶液の霧化の場合，pH 6.0 および pH 10.0 の水溶液の噴霧では 10 分間の暴露で感染価は検出されておらず，対数減少値 4 以上の不活化効果が得られている．

7.3.2　塩素消費物質の影響

固体表面に次亜塩素酸と反応する有機物が存在する場合，低濃度水溶液（2〜4 mg/L）では FAC 成分が有機物成分と反応して直ちに消失するため，20 分間の曝露では生菌数の変化は全く見られない．清浄な表面で得られる殺菌効果（図 7.2）と同等の結果を得るためには，たとえば FAC 濃度を高濃度に設定して霧化殺菌を行う必要がある．

図 7.3 に，小型の実験チャンバー（0.1 m^3）内において，pH 6.0（440 mg/L）および pH 10.2（520 mg/L）に調整した次亜塩素酸水溶液の超音波霧化粒子による寒天栄養培地上の *E.coli* に対する殺菌効果を示す[4]．横軸は，見掛けの気中濃度と時間の積（*CT*）である．この系では，栄養培地中のペプトン（タンパク質が酵素などにより分解された中間生成物）が塩素消費物質となる．*CT* 値が低い領域では，死滅が起き始めるまでの時間的遅れが見られるが，*CT* 値の増加とともに疑似一次反応に従う直線的な生残曲線を示している．しかし，図 7.2 で示したフィルタ上の *E.coli* に対する効果と比較すると，一定の殺菌効果（3〜4-log 減少）を得るために必要な濃度時間積は，約 220 倍も高くなる．このように，有機物が存在する固体表面の霧化殺菌の場合，噴霧気流が直接接触する固体表面であっても，殺菌効果の著しい低下と効果発現までの遅延が起こる．

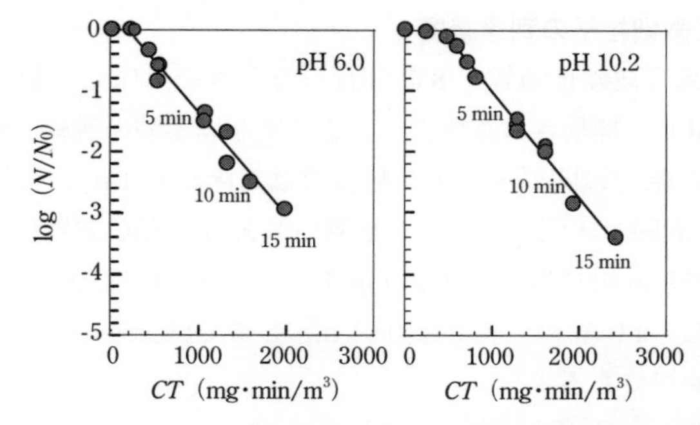

図 7.3　実験チャンバー（0.1 m^3）内における pH 調製次亜塩素酸水溶液の超音波霧化粒子による栄養寒天培地上の大腸菌（*E. coli*）の殺菌[4]
（FAC 濃度：2〜4 mg/L；霧化速度：3.0 mL/min；送風量：0.01 m^3/min）

7.4　超音波霧化粒子の空間噴霧

7.4.1　空間噴霧における次亜塩素酸の 2 種類の形態

第 6 章でも述べたように，次亜塩素酸水溶液を室内空間に霧化噴霧すると，微細粒子は重力によって下方に落下を始め，空間中で水と次亜塩素酸の揮発現象をともないながら微細化が進み室内を浮遊する粒子となる．一方，微細粒子から揮発した次亜塩素酸は気体状次亜塩素酸（$HOCl_{(g)}$）として室内に拡散する．すなわち，空間に噴霧された次亜塩素酸は，微細粒子中に存在する分子と気体状となって室内に拡散した分子の 2 種類の形態で存在し作用する．

次亜塩素酸の密度という点では，明らかに微細粒子中（液相）の方が空間中（気相）よりも大きい．したがって，殺菌作用は微細粒子が直接接触する方が大きいが，接触箇所は限定される．気体状次亜塩素酸は，空間での密度は小さいが，均一に拡散するため室内のあらゆる表面と接触させることができるうえ，濃度の制御も容易である．

7.4.2　アルカリ性次亜塩素酸水溶液の超音波霧化噴霧の殺菌効果[8]

ここでは，90 m^3 の会議室（机・椅子なし）においてアルカリ性次亜塩素酸水溶液（pH 10.0，100 mg/L）の超音波霧化噴霧（霧化速度：600 mL/h，送風量：2.2 m^3/h）を 8 時間行い，霧化微細粒子の到達濃度，$HOCl_{(g)}$ の濃度，そして生菌数を測定した結果を紹介する．

7.4.2.1　霧化微細粒子の到達濃度

図 7.4 に，超音波霧化噴霧を8時間行ったときの，床面においたシャーレ内の純水（2 mL）に捕集された微細粒子中の次亜塩素酸の遊離有効塩素濃度と霧化器からの距離との関係を示す．噴霧口は，床から1 m の位置にあり，霧化器から0.5m 間隔で床面にシャーレを置いてある．FAC 濃度は，噴霧口からもっとも近い0.5 m の位置では1.46 mg/L であったが，距離（d）が増加するとともに減少し，4.0 m の位置では0.04 mg/L まで減少している．図中の実線は，累乗近似曲線である．

$$\text{累積FAC} = 0.52d^{-1.9}\ (R = 0.957) \qquad (7.2)$$

（7.2）式から，噴霧口から4.0 m までの距離内において，FAC 累積量はおおよそ距離の2乗に反比例して減少することがわかる．この結果は，弱酸性次亜塩素酸水溶液の超音波霧化噴霧の結果（6.3 式，p.77）とほぼ一致している．

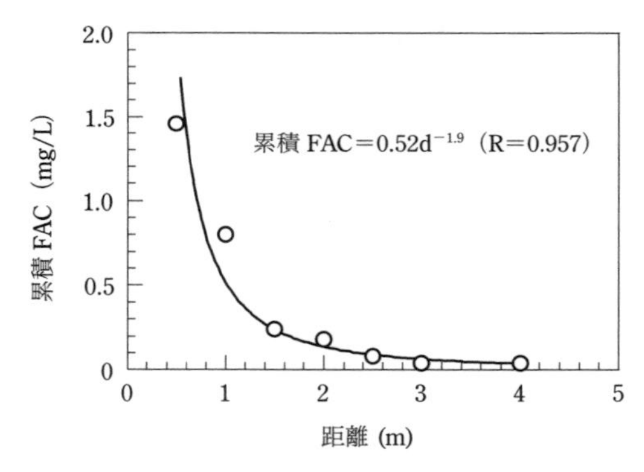

図 7.4　会議室においてアルカリ性次亜塩素酸水溶液を超音波霧化噴霧したときの床面のシャーレ水（2 mL）に累積した FAC 濃度（8時間）[8)]
（会議室：90 m^3，無人，机・椅子なし，閉扉，空気攪拌なし，ブラインド遮光；噴霧条件：pH 10.0，100 mg/L，600 mL/h，2.2 m^3/h）

7.4.2.2　床面における $HOCl_{(g)}$ の濃度

床面における $HOCl_{(g)}$ の濃度は，1〜8 時間の噴霧において霧化器からの距離に関係なく 20〜25 ppb の範囲にあった．これは，霧化微細粒子から揮発した $HOCl_{(g)}$ がシャーレを置いた床面に均一に拡散していることを示している．また，$HOCl_{(g)}$ の濃度は床面でもっとも高く，上方に向かうほど低くなる高さ方向の濃度分布が形成されていた．微生物数の多い床面に近いほど $HOCl_{(g)}$ の濃度が高く分布していることは，空間微生物の制御にとって有効である．なお，床面の $HOCl_{(g)}$ 濃度は床面の汚染度，材質（たとえばタイル，絨毯など），室内に置かれている固体の総表面積などによって変化する．

この実験では，霧化微細粒子が床面に落下する時点での pH 値は 7.4 に低下していた．アルカリ性から中性付近への pH の低下により，HOCl の存在割合が増加し，微細粒子からの $HOCl_{(g)}$ の揮発が起こったものと考えられる．

これらの結果は，弱酸性次亜塩素酸水溶液の超音波霧化噴霧の結果（第 6 章）とほぼ一致している．

7.4.2.3 付着菌に対する殺菌効果

殺菌対象は，床面に置かれた湿潤寒天平板（培地成分は含まない）上に塗布した黄色ブドウ球菌（*Staphylococcus aureus*），大腸菌（*E.coli*）および黒カビ（*Cladosporium cladosporioides*）の胞子である．

図 7.5 に，霧化器からの代表的な距離における *S. aureus*, *E. coli*, *C. cladosporioides* 胞子の生残曲線を示す．横軸は噴霧時間，縦軸は生菌数（*N*）の対数値である．*S. aureus* の場合，0.5 m では 1 時間後に検出限界の 50 CFU/plate 以下（< 1.7-log）に達している（5.8-log 減少）．1.0〜4.0 m では，距離の増加とともに生菌数の減少速度は低下する傾向があるが，2 時間後には検出限界以下に達している．*E. coli* の場合，1 時間後の対数減少値は 0.5 m で 5.2-log, 1.0 m と 2.0 m で 4.7-log〜4.9-log であり，2 時間後にはいずれも生菌数は検出限界以下に達している（5.5-log 減少）．*C. cladosporioides* の胞子の死滅速度は相対的に小さく，生菌数が検出限界以下に達したのは 0.5 m と 1.0 m で 4 時間後，2.0 m と 4.0 m で 8 時間後である（3.5-log 減少）．

このように，アルカリ性の次亜塩素酸水溶液の霧化噴霧は時間単位の緩やかな作用ではあるが，細菌およびカビ胞子の生菌数を減少させる効果があることが確認されている．また，$HOCl_{(g)}$ は床面に均一に拡散しているにもかかわらず霧化器に近いほど殺菌作用が強いという事実は，微細粒子と接触する殺菌作用が $HOCl_{(g)}$ よりも大きいことを意味している．

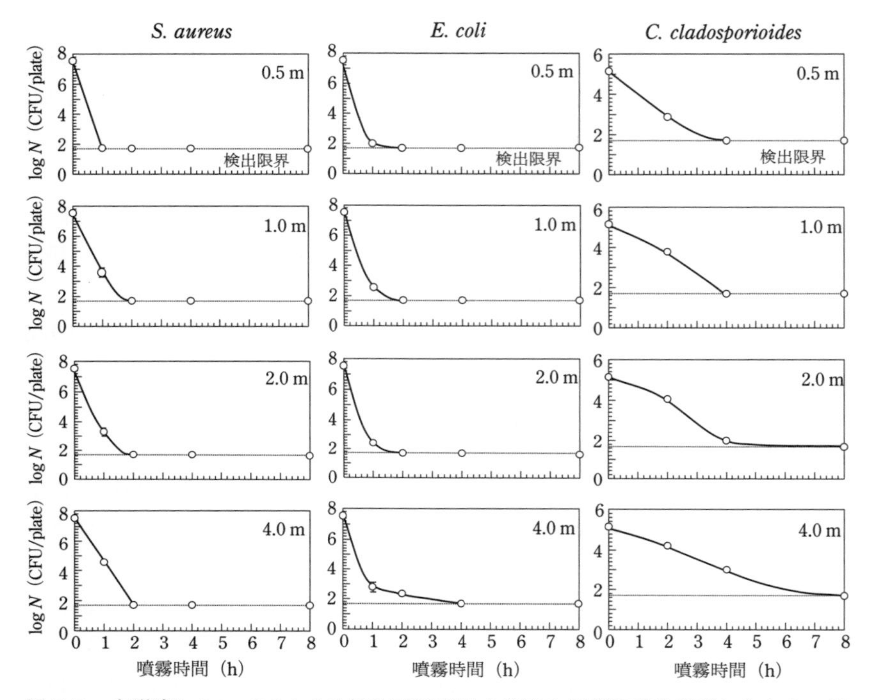

図 7.5　会議室においてアルカリ性次亜塩素酸水溶液を超音波霧化噴霧したときの湿潤寒天平板上の細菌およびカビ胞子に対する殺菌効果[8)]
(噴霧条件：図 7.4 と同じ)

7.4.3　弱酸性次亜塩素酸水溶液の超音波霧化噴霧の殺菌効果[10)]

ここでは，105 m^3 の教室において机と椅子（30 台，30 脚）がある・なしの条件で，弱酸性次亜塩素酸水溶液（pH 6.0，50 mg/L）の超音波霧化噴霧（霧化速度：300 mL/h，送風量：3 m^3/h）を 3 時間行い，霧化器から 2 m 離れた位置での霧化微細粒子の到達濃度，$HOCl_{(g)}$ の濃度，そして殺菌効果を検討した結果を紹介する．

7.4.3.1　霧化微細粒子の到達濃度と $HOCl_{(g)}$ の濃度

超音波霧化噴霧を 3 時間行ったとき，床面（2 m 位置）に置いたシャーレ内の純水（2 mL）に捕集された次亜塩素酸の有効塩素濃度は，机と椅子がない空間では 0.02±0.01 mg/L，机と椅子がある状態ではシャーレを置く位置にも関係するが検出限界以下（< 0.01 mg/L）～0.01 mg/L であった．霧化微細粒子が机と椅子表面に吸着することで，床面に落下する量が減少することがわかる．

図 7.6 に，超音波霧化噴霧を 3 時間行ったときの $HOCl_{(g)}$ 濃度の経時変化を示す（2 m 位置）．机と椅子がない場合，床から天井にかけての $HOCl_{(g)}$ 濃度および濃度勾配は 1～2 時間の霧化噴霧でほぼ平衡に達しており，床面では 10 ppb と相対的に低い値が得られている．おそらくは，床面の汚染度（塩素消費物質）の影響ではないかと考えられる．

机と椅子がある場合，床面から 0.8 m の範囲における $HOCl_{(g)}$ 濃度はさらに低濃度になっており，机・椅子のない空間の 1/2～1/3 の濃度にとどまっている．これは，霧化微細粒子の机と椅子表面への吸着および次亜塩素酸の分解に起因すると考えられる．一方で，この実験結果から $HOCl_{(g)}$ は机や椅子の下方空間（裏側）まで拡散していること，そして霧化噴霧時間を延長すれば $HOCl_{(g)}$ 濃度は徐々に増加することが確認できる．

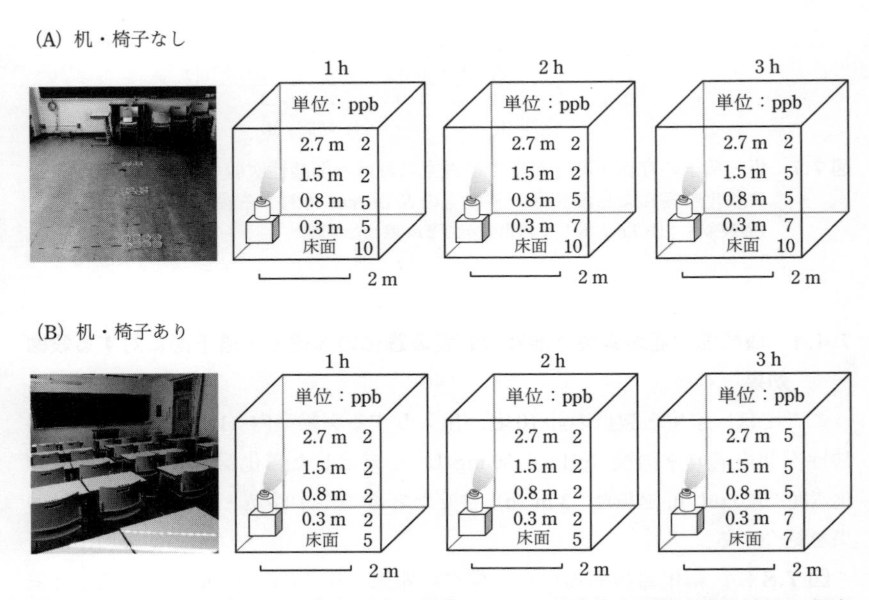

図 7.6 机・椅子の存在・非存在下での教室における弱酸性次亜塩素酸水溶液の超音波霧化噴霧における気体状次亜塩素酸の濃度分布[10)]
（教室：105 m^3，無人，閉扉，空気撹拌なし，ブラインド遮光；噴霧条件：pH 5.8，300 mL/h，3 m^3/h）

7.4.3.2 付着菌に対する殺菌効果

図 7.7 に，霧化噴霧を3時間行ったときの床面（2 m 位置）に置いた湿潤寒天平板上の *S. aureus* の生残曲線を示す（相対湿度：47～72%RH）．机と椅子がない場合，*S. aureus* の生残菌数は噴霧時間とともに減少し，3時間後には検出限界以下に達している（> 3.2-log 減少）．微細粒子の到達量（0.02 mg/L）および $HOCl_{(g)}$ 濃度（10 ppb）は低くても確実に生菌数を減少させることができている．また，机と椅子がある場合でも3時間後の生菌数の減少は 2.3-log に達しており，机や椅子の足元付近でも十分な殺菌効果が得られることが実証されている．

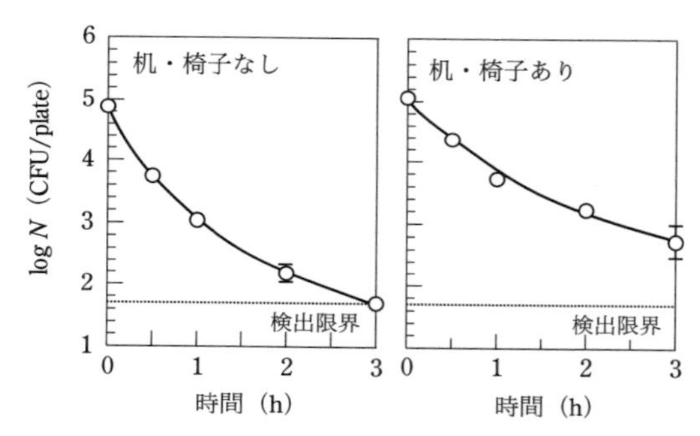

図 7.7 机・椅子の存在・非存在下での教室における弱酸性次亜塩素酸水溶液の超音波霧化噴霧による湿潤寒天平板上の *S. aureus* に対する殺菌効果 [10]
（実験条件：図 7.6 と同じ；霧化器から 2 m 離れた位置）

7.4.4 弱酸性次亜塩素酸水溶液の超音波霧化の浮遊菌・落下菌に対する殺菌効果

ここでは，学生と教員の計10名が出入りする実験室内（190 m^3）において弱酸性次亜塩素酸水溶液（pH 6.0, 50 mg/L）を充填した霧化器を8時間稼働（霧化速度：120 mL/h, 送風量：3 m^3/h）させたときの空中浮遊・落下菌の不活化効果を紹介する．

図 7.8 に，霧化器の噴霧口から種々の距離（高さ 0.7～2.5 m）に設置した栄養寒天培地入りシャーレ上に形成した落下菌のコロニー数を示す [11]．霧化噴霧していない場合，設置場所により人の出入りの頻度は異なるものの，落下菌数はおおよそ一致しており，平均値は 28±6 CFU/plate である．一方，霧化器

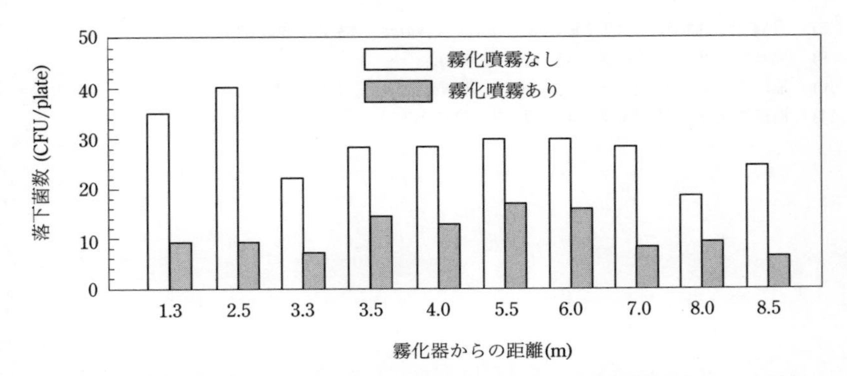

図 7.8 弱酸性次亜塩素酸水溶液の超音波霧化噴霧における噴霧器からの距離と落下菌数[11)]
(室内空間：190 m^3；次亜塩素酸水溶液：pH 6.0, 50 ppm；霧化速度：120 mL/h, 送風量：3 m^3/h；霧化時間：8 時間)

を稼働した場合，落下菌数は平均値 11±4 CFU/plate であり，約 60% の減少となっている．霧化噴霧による落下菌数の低減効果は，次亜塩素酸水溶液の pH に関係なく食品工場[1)]や医療施設[7)]でも再現性良く得られている．

この実験と並行して，*S. aureus* および *E. coli*（300〜500 CFU/plate）を塗布した栄養寒天培地（塩素消費物質）入りシャーレを上記シャーレの横に置いて不活化効果を検討しているが，栄養寒天培地上の生菌数に有意な減少は見られていない．すなわち，寒天平板上に落下した微生物に対する殺菌作用は無視できることになる．このことから，空中浮遊菌に対する霧化微細粒子および $HOCl_{(g)}$ の直接の作用が落下菌の減少をもたらしたと推測できる．浮遊菌・落下菌に対する $HOCl_{(g)}$ の効果については，第 8 章で詳細に述べる．

引用・参考文献

1) 宮地洋二郎：食品工場の空間除菌（HACCP 研究会空間除菌部会編），幸書房 (2017).
2) Clark, J. et al.: *J. Hosp. Infect.*, **64**, 386–390 (2006).
3) Park, G. W. et al.: *Appl. Environ. Microbiol.*, **73**, 4463–4468 (2007).
4) 浦野博水，福﨑智司：防菌防黴，**38**, 573–580 (2010).
5) 浦野博水，福﨑智司：ibid, **41**, 415–419 (2013).
6) 小野朋子 他：防菌防黴，**34**, 465–469 (2006).
7) 小野朋子 他：*J. Environ. Control Technique*, **33**, 161–167 (2015).

8) 野嶋 俊，福崎智司：*J. Environ. Control Technique*, **38**, 297–303 (2020).
9) 福崎智司 他：防菌防黴，**41**, 11–17 (2013).
10) 福崎智司 他：年次フォーラム 2021，防衛施設学会，1–8 (2021).
11) 福崎智司 他：防菌防黴，**41**, 521–526 (2015).

第8章　強制通風気化方式による空間微生物の制御

近年，次亜塩素酸水溶液を用いた強制通風気化方式（以下，通風気化方式と表記）による空間除菌・脱臭装置が普及し始めている．通風気化方式は室内空気を装置内に吸引し，次亜塩素酸水溶液を含浸させた気液接触部材内を強制通風させることにより，空気中に含まれる浮遊菌や臭気物質を気液接触により装置内部で酸化処理した後，処理空気を再び室内に吹き出す方式で処理が行われる．さらに，吹き出し空気には揮発した低濃度の気体状次亜塩素酸（$HOCl_{(g)}$）分子が含まれており，付着菌に対して殺菌作用を示す[1]．この通風気化システムを室内空間の微生物制御および脱臭操作に活用するためには，$HOCl_{(g)}$が放散（水溶液から気体中に移動）する過程を理解し，$HOCl_{(g)}$の室内濃度と殺菌効果を正しく把握する必要がある．

8.1　次亜塩素酸の放散過程の解析

8.1.1　通風気化式加湿装置

図8.1に，著者らが研究に使用している通風気化式加湿装置の模式図を示す[1,2]．装置の内部には，中空円筒状（ϕ120 mm×370mm）の3次元多孔性繊維

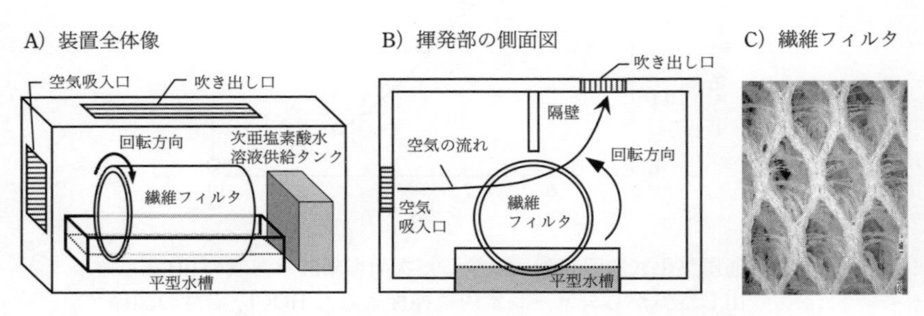

図8.1　次亜塩素酸水溶液を供給した通風気化式加湿装置の模式図[1,2]

フィルタ（図8.1C）と次亜塩素酸水溶液を入れる平型水槽（1.1 L）が内蔵されている．繊維フィルタは，次亜塩素酸水溶液の水面から10 mmまで浸り，通気の流れと対向する方向に回転（1 rpm）する．空気は，装置の側面から取り込み，繊維フィルタと接触させた後，内部を通過させて装置の上部から排出させる仕組みである．この時，排出空気中に放散されるのは水分子と非解離型次亜塩素酸（HOCl）分子であり，次亜塩素酸イオン（OCl^-）は揮発せずに装置の水槽内にとどまる．

8.1.2　気体状次亜塩素酸の放散量と放散濃度

図8.2 に，通風気化式加湿装置にpH 5.0〜10.0に調整した次亜塩素酸水溶液（50 mg/L）を1.0 L供給して装置を60分間稼働させたとき（風量：約2 m^3/min），装置から1 m離れた位置に設置したシャーレ水（20 mL）に捕集されたFAC濃度を示す[2]．次亜塩素酸水溶液のpHが5.0から10.0まで上昇するとともに，シャーレ水のFAC濃度は大きく減少する．シャーレ水のFAC濃度は，60分間の稼働で放出された気体状次亜塩素酸量の相対値を反映しており，pHとの関係が次亜塩素酸の解離曲線（図1.3，p.6）ときわめて類似している点が興味深い．この結果は，$HOCl_{(g)}$の揮発量が次亜塩素酸水溶液の非解離型次亜塩素酸（$HOCl_{(aq)}$）の濃度に依存すること，そして$HOCl_{(g)}$は酸化力を維持したままシャーレ水に補足されていることを示している．

図8.3 に，通風気化式加湿装置に種々のpHの次亜塩素酸水溶液（30〜200

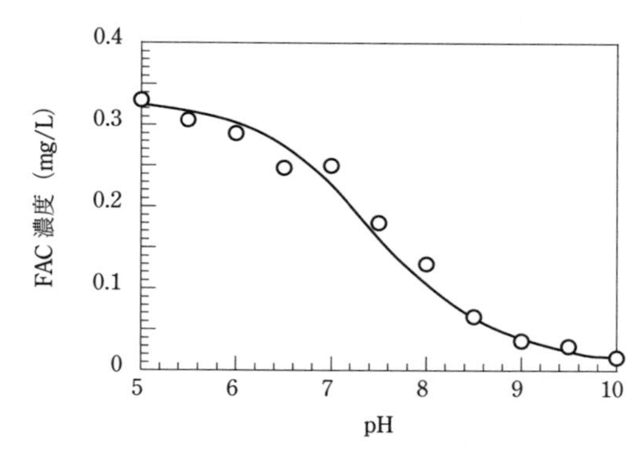

図8.2　通風気化式加湿装置に供給した次亜塩素酸水溶液のpHと吹き出し空気からシャーレ水内に捕捉された$HOCl_{(g)}$濃度の関係[2]
（FAC濃度：50 mg/L；風量：2 m^3/min；60 min）

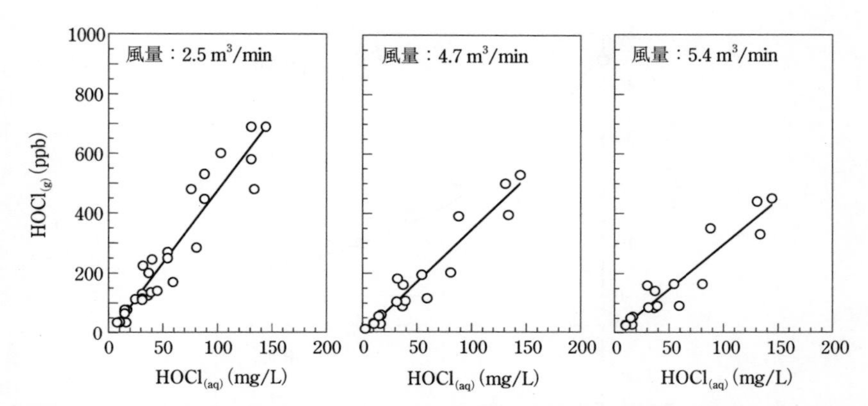

図 8.3 通風気化式加湿装置に供給した次亜塩素酸水溶液の $HOCl_{(aq)}$ 濃度と吹き出し空気中の $HOCl_{(g)}$ 濃度の関係[3)]

mg/L）を供給し（24±2℃），風量 2.5, 4.7, 5.4 m^3/min で装置を稼働させたときの吹き出し空気に含まれる $HOCl_{(g)}$ 濃度を測定した結果を示す[3)]．グラフの縦軸は稼働開始 1 分後の $HOCl_{(g)}$ 濃度の測定値，横軸は供給した次亜塩素酸水溶液の $HOCl_{(aq)}$ 濃度である．図中の実線は，線形最小二乗法で得られた直線である．

各風量の稼働において，$HOCl_{(aq)}$ 濃度と $HOCl_{(g)}$ 濃度に良好な相関関係が得られている（相関係数：0.943〜0.948）．また，風量が大きくなるとともに，吹き出し空気中の $HOCl_{(g)}$ 濃度（直線の傾き）が減少する傾向がある．この通風気化式加湿装置では，単位時間当たりの $HOCl_{(g)}$ の放散量は，$HOCl_{(aq)}$ 濃度と風量に依存して増加することがわかっている[1)]．これは，液相から気相への物質移動（放散）における推進力が，溶液（バルク）と気液界面における $HOCl_{(aq)}$ の濃度差であること，そして風量の増加により気相境膜の厚さが薄くなり，液相から気相への物質移動抵抗が小さくなることに起因している．

このように，$HOCl_{(g)}$ の放散量および濃度は，供給する次亜塩素酸水溶液の pH，濃度，通風量で制御することが可能である．

8.1.3 気体状次亜塩素酸の放散過程の解析

図 8.4 に，通風気化式加湿装置に回分式で pH 5.0 および 8.5 に調整した次亜塩素酸水溶液（pH 5.0，44 mg/L）を供給して稼働したときの吹き出し空気中

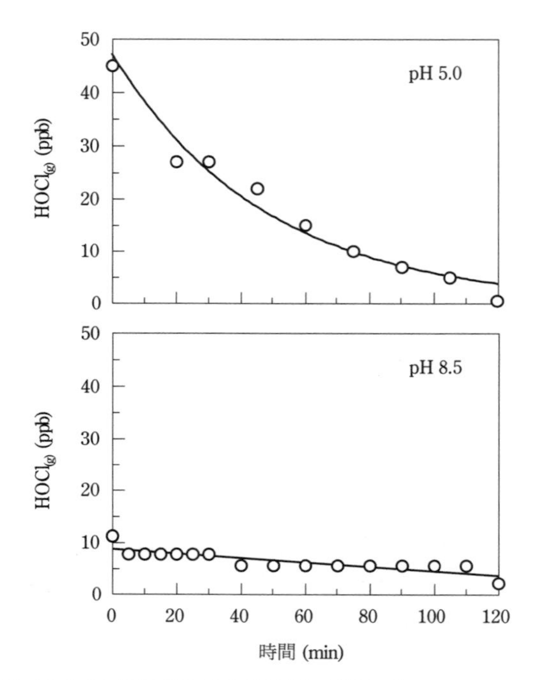

図 8.4 通風気化式加湿装置に次亜塩素酸水溶液（pH 5.0, 8.5）を回分式で供給稼働したときの吹き出し空気中の $HOCl_{(g)}$濃度の経時変化[2,4]
（供給次亜塩素酸水溶液：26 mg/L；風量：2 m^3/min）

の $HOCl_{(g)}$ 濃度の経時変化を示す[2,4].

pH 5.0 の場合，$HOCl_{(g)}$ 濃度は 120 分間の稼働で 45 ppb（開始直後）から検出限界以下（< 2 ppb）まで低下しており，指数関数的な減少を示している．図中の実線は，指数回帰分析（一次反応）の結果である（8.1 式）．すなわち，$HOCl_{(g)}$ の放散速度は水溶液中の $HOCl_{(aq)}$ の濃度に対して一次反応速度式に従うことを示している．

$$[HOCl_{(g)}] = 47.3 \cdot \exp(-0.0207t) \tag{8.1}$$

ここで，t は稼働時間である．

$HOCl_{(g)}$ の放散を常に継続するためには，本稼働条件では長くとも 120 分間隔で次亜塩素酸水溶液を供給する必要がある．電解次亜水の生成機能を装備する装置では，$HOCl_{(g)}$ 濃度の消失時間が電解の間欠作動の設定の一つの目安となる．

pH 8.5 の場合，120 分間の $HOCl_{(g)}$ 濃度は 11〜2 ppb の範囲にあり，pH 5.0 の時と比較してかなり低い値となっている．図中の実線は，零次反応速度式（放散速度が $HOCl_{(g)}$ 濃度に依存せずに一定速度で進行する反応）に従うことを仮定して線形回帰分析で得られたものである（8.2 式）．

$$[HOCl_{(g)}] = 8.87 - 0.0414\,t \tag{8.2}$$

pH 5.0 との差違は，pH 8.5 における $HOCl_{(aq)}$ の割合が低いことに起因していると考えられる．次亜塩素酸水溶液中の非解離型 HOCl の存在割合は，pH 5.0 で約 100%，pH 8.5 で約 9% である．$HOCl_{(aq)}$ が揮発して水溶液中の濃度が減少すると，$OCl^-_{(aq)}$ の一部がプロトン化して $HOCl_{(aq)}$ に変換される．pH 8.5 の低濃度 $HOCl_{(aq)}$ の条件下では，回転繊維フィルタへの $HOCl_{(aq)}$ の供給が律速となるため，放散速度過程は見掛け上零次反応速度式に従うと考えられる．

8.2　気体状次亜塩素酸の殺菌・不活化効果

8.2.1　乾燥表面上の細菌に対する殺菌効果

図 8.5 に，恒温恒湿室（23 m³）内に設置した小型チャンバー（1 m³）内において，種々の相対湿度下でシャーレに塗布した黄色ブドウ球菌（*S. aureus*）の

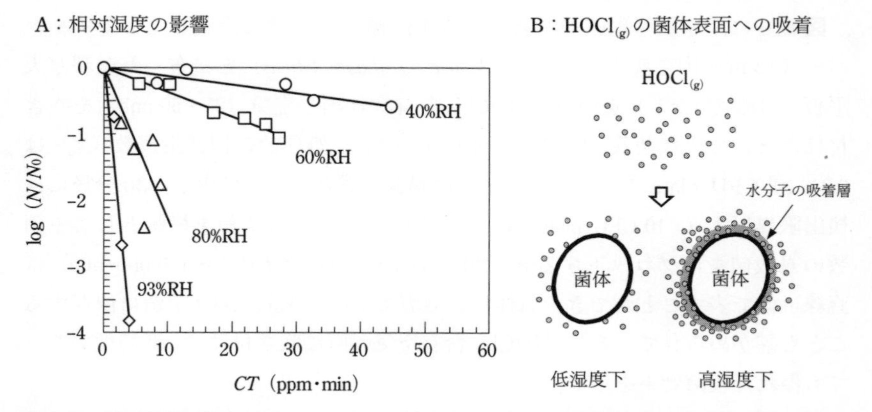

図 8.5　乾燥固体表面上の *S. aureus* に対する $HOCl_{(g)}$ の殺菌作用に及ぼす相対湿度の影響（20℃）[5]（A）と $HOCl_{(g)}$ の菌体表面への吸着の概念図（B）

付着菌体（乾燥）を $HOCl_{(g)}$ に接触させたときの典型的な生残曲線を示す[5]．$HOCl_{(g)}$ は，次亜塩素酸水溶液を供給した通風気化式加湿装置で発生させている．縦軸は生残率の対数値，横軸は $HOCl_{(g)}$ 濃度（C）と時間（T）の積（CT 値）である．種々の相対湿度において得られた生残曲線は，いずれも直線近似で表されている．また，死滅速度は相対湿度に依存して著しく増加しており，高湿度下（80～93%RH）では生残率の速やかな減少が得られている．一方，低湿度下（40～60%RH）ではその減少はきわめて緩慢であることがわかる．

相対湿度の上昇は，固体表面への水分子の吸着を促進する．乾燥したシャーレ上の *S. aureus* の付着菌体の表面には，相対湿度に依存した水分子の吸着層が形成されることになる．ここで，極性分子である $HOCl_{(g)}$ と水分子には van der Waals 力に加えて水素結合が作用するため，$HOCl_{(g)}$ の気相から固相への初期吸着は菌体表層の吸着水によって促進されたと考えられる（図 8.5B）．$HOCl_{(g)}$ による殺菌過程が，吸着，表層拡散，酸化反応の順に進行すると仮定すると，$HOCl_{(g)}$ の初期吸着が全殺菌プロセスの律速段階であることを示唆している．すなわち，次亜塩素酸水溶液の通風気化システムによる室内空間の微生物制御においては，室内の相対湿度の調整が重要な因子であると言える．

なお，本実験系において，$HOCl_{(g)}$ の殺菌作用に及ぼす室温の影響（10～30℃）は見られていない．

8.2.2　湿潤表面上の細菌に対する殺菌効果

図 8.6 に，通風気化式加湿装置から 1 m 離れた位置に設置した小型チャンバー（0.3 m^3）内に腸炎ビブリオ（*Vibrio parahaemolyticus*）を塗布した湿潤寒天平板（培地成分なし）を置き，$HOCl_{(g)}$ 含有吹き出し空気（25～50 ppb）を吹き付けたときの生残菌数（$\log N$）の変化を示す[6]．処理前の初発生菌数（N_0）は 6.3×10^4 CFU/plate である．生残菌数は暴露時間とともに減少し，30 分後には検出限界以下（< 10 CFU/plate）に達している．また，CT 値を横軸として生菌数の対数値を再プロットすると，20 分の生残曲線（CT 値：～150 ppb･min）は直線近似で表すことができ，気体状次亜塩素酸の殺菌効果は CT 値に依存することも確かめられている[6]．$HOCl_{(g)}$ 含有空気の直接吹き付けは，低濃度であっても優れた殺菌効果を示す．

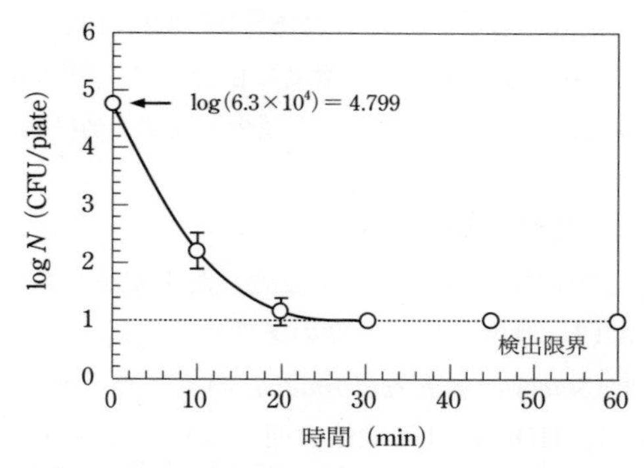

図 8.6　湿潤寒天平板上の腸炎ビブリオに対する $HOCl_{(g)}$ の殺菌効果[6)]
（$HOCl_{(g)}$ 濃度：25～50 ppb；72%RH）

8.2.3　塩素消費物質の影響

上記の実験（図 8.6）の寒天平板に塩素消費物質を添加すると，*V. parahaemolyticus* に対する $HOCl_{(g)}$ の殺菌作用は大きく減少する．

図 8.7 に，塩素消費物質としてペプトン存在下において $HOCl_{(g)}$ 含有吹き出し空気を 60 分間吹き付けた時の *V. parahaemolyticus* の生残菌数を示す[6)]．本実験系において，初期生菌数は，5.0×10^4 CFU/plate である（未処理）．ペプトンを 0.002 wt% 添加した系では，生残菌数は検出限界以下（< 10 CFU/plate）となっており，ペプトンの影響は見られていない．しかし，添加量が 0.02, 0.2, 2

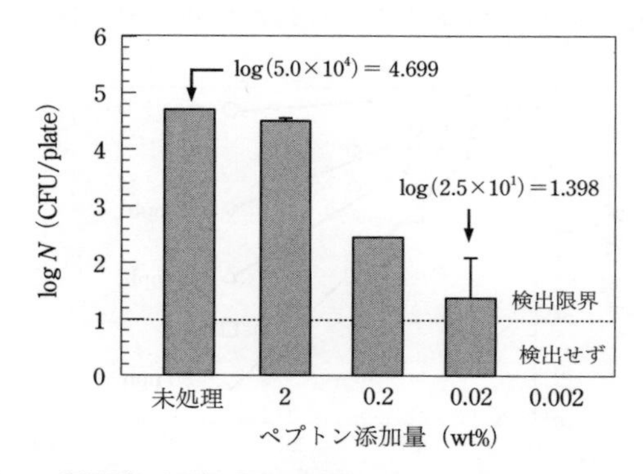

図 8.7　湿潤寒天平板上の *V. parahaemolyticus* に対する $HOCl_{(g)}$ の殺菌効果に及ぼす塩素消費物質の影響[6)]
（$HOCl_{(g)}$ 濃度：25～50 ppb；60～70%RH）

wt% と順次増加すると，生残菌数は各々2.5×10^1, 3.2×10^2, 3.2×10^4 CFU/plate と増加している．共存するペプトンの濃度に依存して，寒天平板上で $HOCl_{(g)}$ が消費されることにより殺菌効果が著しく減少したことがわかる．

8.2.4　浮遊菌に対する殺菌効果[7)]

殺菌実験は，恒温恒湿室（23 m^3）内に設置した小型チャンバー（1 m^3）内において，種々の $HOCl_{(g)}$ 濃度と相対湿度の条件に設定後，ネブライザーを用いて表皮ブドウ球菌（*Staphylococcus epidermidis*）のエアロゾルを噴霧して行っている．この実験では，$HOCl_{(g)}$ は弱酸性次亜塩素酸水溶液のバブリングによって発生させている．

図 8.8 に，相対湿度 60%RH において，*S. epidermidis* のエアロゾルを 10, 20, 50 ppb の $HOCl_{(g)}$ に接触させた時の生残曲線を示す（25℃）．コントロール（$HOCl_{(g)}$ への暴露なし）における 25 分間の生菌数の減少は 0.33-log であり，自然減衰は低く抑えられていると言える．$HOCl_{(g)}$ への曝露実験系では，いずれの濃度においても得られた生残曲線は直線近似で表わされており，一時反応的に減少している．浮遊状態の *S. epidermidis* に対しても，死滅速度は $HOCl_{(g)}$ 濃度に依存して増加していることがわかる．

図 8.9 は，相対湿度を 40%RH および 80%RH に設定した実験系において，*S. epidermidis* のエアロゾルを 20 ppb の $HOCl_{(g)}$ に接触させた時の生残曲線を示す（25℃）．コントロールにおける 25 分間の生菌数の減少（40～80%RH の平均値）は 0.57-log である．40%RH で得られた生残曲線と比較して，80%RH で

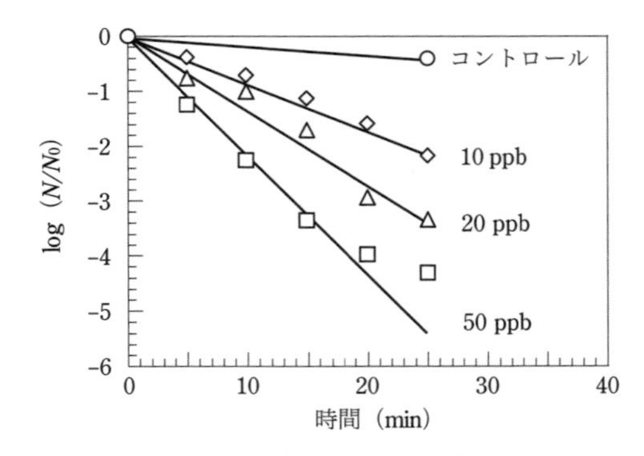

図 8.8　浮遊エアロゾル中の *S. epidermidis* に対する $HOCl_{(g)}$ の殺菌効果[6)]
（$HOCl_{(g)}$ 濃度：10～50 ppb；60%RH；25℃）

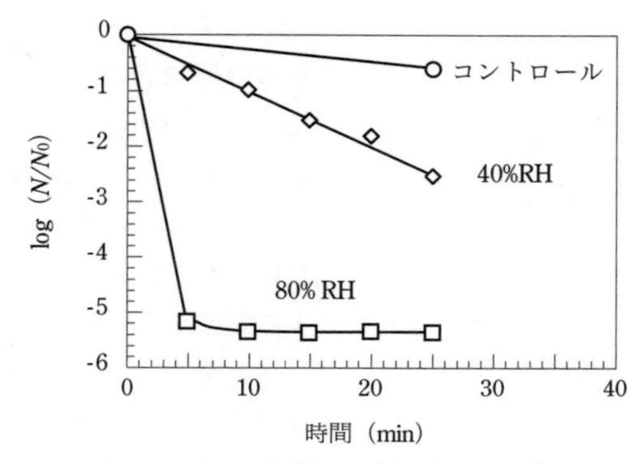

図 8.9　浮遊エアロゾル中の *S. epidermidis* に対する $HOCl_{(g)}$ の殺菌作用に及ぼす相対湿度の影響[6]
（$HOCl_{(g)}$ 濃度：20 ppb；25℃）

は明らかに高い殺菌効果が得られている．80%RH の場合，わずか 5 分間の $HOCl_{(g)}$ との接触で生菌数は 5.2-log 減少している．この結果は，図 8.5 に示した乾燥固体表面に付着した *S. aureus* に対する $HOCl_{(g)}$ の殺菌効果が相対湿度で著しく促進される減少と一致している．なお，本実験系においても，室内温度の顕著な影響（15～35℃）は見られていない．

8.2.5　ウイルスに対する不活化効果

ウイルスの不活化効果は，25 m^3 の密閉室内において，通風気化式加湿装置から 1.5 m 離れた位置の台（高さ 1.2m）にウイルスを塗布したシャーレ（乾燥）を置き，9～20 ppb の $HOCl_{(g)}$ に接触させて行われた．実験に供したウイルスは，エンベロープウイルスである A 型インフルエンザウイルス（AH1.pdm），麻疹ウイルス，ネコ腸コロナウイルス，そしてノンエンベロープウイルスであるネコカリシウイルスである．通風気化式加湿装置の風速は 3 m^3/min，試験開始時の相対湿度は 50%RH，試験終了時（4～5 時間）は約 95%RH という暴露条件化で行われた（20℃）．

図 8.10 に，$HOCl_{(g)}$ を接触させたときの各種ウイルスの感染価（対数値）の減少曲線を示す．感染価の減少は，自然減衰（コントロール）との差で表す．インフルエンザウイルスの場合，60 分で 2.7-log の減少，120 分で 3.5-log 以上の減少（検出限界以下）に達している．空気感染を起こすことで知られる麻疹ウイルスは，60 分で 1.0-log の減少，120 分で 2.0-log 以上の減少（検出限界以

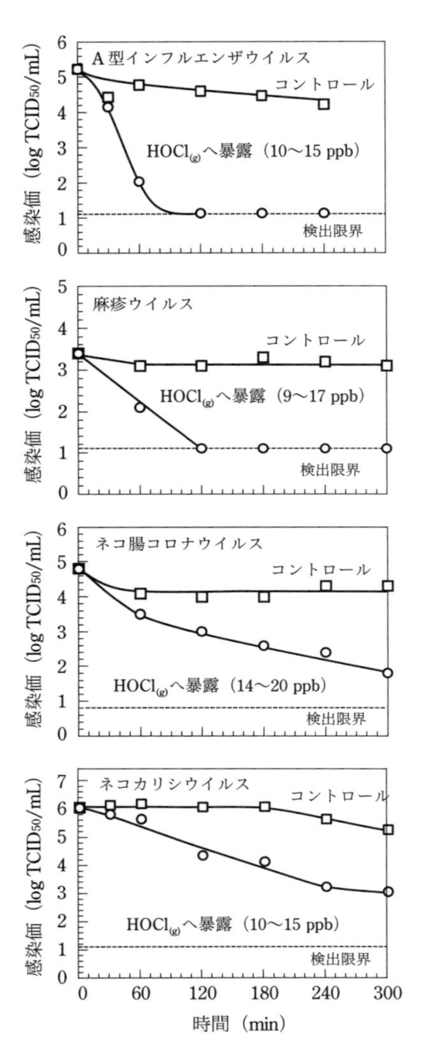

図8.10　乾燥固体表面上の各種ウイルスに対する $HOCl_{(g)}$ の不活化効果
(パナソニックエコシステムズ㈱より資料提供)

下）に達している．ネコ腸コロナウイルスの感染価の減少は相対的に遅く，120分で1.0-logの減少，240分で1.9-logの減少，そして300分で2.5-logの減少に達している．いずれの実験系においても，感染価が一次反応的に減少する領域が見られている．

ネコカリシウイルスの感染価は時間とともに一次反応的に減少しているが，その速度は小さく，180分後にようやく2.0-log以上（> 99%）の減少に達している．ネコカリシウイルスは，米国環境保護局（EPA）にてヒトノロウイルスの代替ウイルスとして指定されており，環境の変化に強く，薬剤耐性も高いことで知られている．今回の実験により，$HOCl_{(g)}$ への暴露により，ノンエンベロープウイルスであるネコカリシウイルスをも不活化できることが確認された．

以上のように，ウイルス間で $HOCl_{(g)}$ に対する感受性に差違は見られるものの，$HOCl_{(g)}$ は低濃度（9〜20 ppb）であってもウイルスに対して優れた不活化効果を示すことがわかる．

8.3　気相アンモニアの除去とその影響[8)]

室内空気中にアンモニア（NH_3）が存在すると，通風気化式加湿装置の内部に吸引されたアンモニアは次亜塩素酸水溶液中に溶解し，速やかに次亜塩素酸の塩素（Cl）と結合し無機クロラミン（Inorganic chloramine；$ICA_{(aq)}$）に変換される[8, 9)]．クロラミンは，次亜塩素酸（HOCl/OCl^-）と比較すると殺菌作用は劣るうえ，揮発性は HOCl よりも大きいことが知られている[10, 11)]．その結果，装置内での遊離有効塩素（$FAC_{(aq)}$）と $ICA_{(aq)}$ の濃度ならびに装置外に放散される $HOCl_{(g)}$ および気体状 $ICA_{(g)}$ の濃度が変化することになる．通風気化システムの稼働を安定に維持するためには，$ICA_{(aq)}$ の生成の影響を正しく把握する必要がある．

ここで紹介する実験は，小型チャンバー（1 m^3）内においてアンモニアを気化させた後（初期：34 ppm），pH 8.3 に調整した次亜塩素酸水溶液（10 mg/L）を供給した通風気化式加湿器を稼働（風量：1〜2 m^3/min）させて行われた．この実験系では，チャンバー内の空気は循環式に装置内に吸引・排出されることになる．

8.3.1　気相アンモニアの除去と無機クロラミンの生成

図 8.11 に，チャンバー内の気相アンモニア濃度の経時変化を示す．通風気化式加湿装置を稼働させてない場合（コントロール），アンモニア濃度（初期：

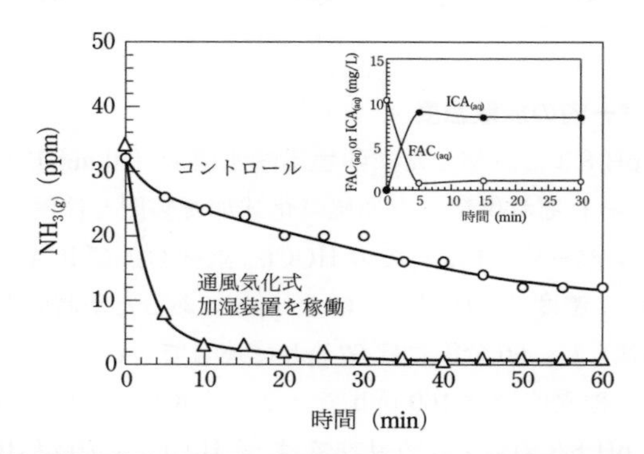

図 8.11　次亜塩素酸水溶液を供給した通風気化式加湿装置による気相アンモニアの除去と無機クロラミンの生成（1 m^3 チャンバー内）[8)]
（供給次亜塩素酸水溶液：pH 8.3，10 mg/L；風速：2 m^3/min）

32 ppm）は時間とともに緩やかに自然減衰し，60分後には12 ppmまで減少している（減少率：62.5%）．通風気化式加湿装置を稼働すると（風量：2 m^3/min），気相アンモニアは10分間で3.0 ppmまで急速に減少し，除去率は90%以上に達している．図8.11の挿入図は，装置内の次亜塩素酸水溶液中の$FAC_{(aq)}$と$ICA_{(aq)}$の濃度の変化である．稼働開始5分後に，$FAC_{(aq)}$（初期：10.3 mg/L）は0.8 mg/Lまで急激に減少し（減少率：92.2%），その後30分まではほぼ一定値を示している．一方，$ICA_{(aq)}$には対称的な変化が見られ，稼働開始5分後に$ICA_{(aq)}$濃度は初期$FAC_{(aq)}$の86.4%に相当する8.9 mg/Lまで増加し，その後は平衡値に達している．

アンモニアと$FAC_{(aq)}$成分との反応で生成する$ICA_{(aq)}$にはモノクロラミン（NH_2Cl），ジクロラミン（$NHCl_2$），トリクロラミン（NCl_3）の3種類がある．これらの無機クロラミンの生成割合は，アンモニアの窒素（N）と次亜塩素酸の塩素（Cl）のモル比率（N/Cl）と水溶液のpHに依存する．たとえば，次亜塩素酸水溶液のpHが7.5～9.0のアルカリ性で$\log(N/Cl) > 1.5$の範囲であれば，生成する主要な無機クロラミンはNH_2Clとなる[9]．したがって，pH8.3の次亜塩素酸水溶液に溶解したアンモニア（$pK_a(NH_4^+) = 9.25$，25℃）は主にNH_2Clに変換されたと考えられる．

$$NH_{3(g)} + H_2O \longrightarrow NH_4{}^+{}_{(aq)} + OH^- \qquad (8.3)$$

$$NH_4{}^+{}_{(aq)} + OCl^- \longrightarrow NH_2Cl_{(aq)} + H_2O \qquad (8.4)$$

8.3.2　チャンバー内の放散濃度

図8.12に，pH 8.3に調整した次亜塩素酸水溶液（10 mg/L）とNH_2Cl水溶液（10 mg/L）をそれぞれ供給した通風気化式加湿装置を稼働した時（風量：1 m^3/min）のチャンバー内（1 m^3）での$HOCl_{(g)}$濃度および$ICA_{(g)}$濃度の経時変化を示す．$HOCl_{(g)}$濃度は，稼働直後は15 ppbであったが時間とともにほぼ直線的に増加（蓄積）し，60分後には62 ppbに達している．

$ICA_{(g)}$濃度は，稼働直後は160 ppbであり，$HOCl_{(g)}$よりも10.7倍も高い値となっている．pH 8.3の弱アルカリ性では，$NH_2Cl_{(aq)}$の方が$HOCl_{(aq)}$（存在割合：約13.6%）よりも揮発性が高いことがわかる．$ICA_{(g)}$濃度は10分までは緩やかに増加または維持されたが，その後は徐々に減少する変化が見られてい

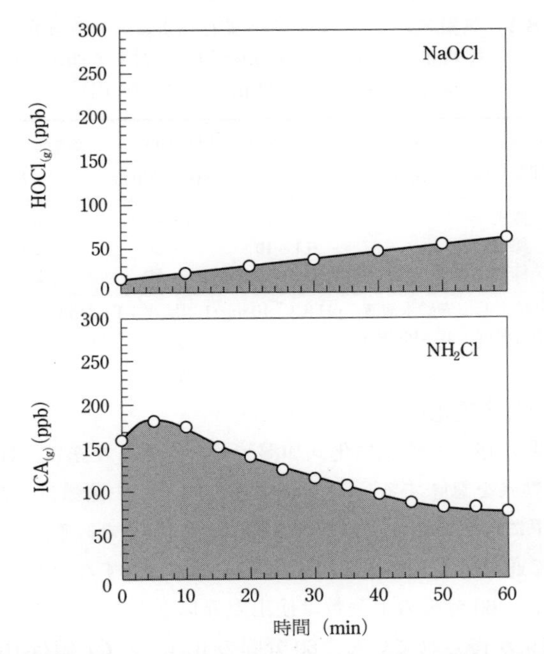

図 8.12　次亜塩素酸水溶液及び無機クロラミン水溶液を供給した通風気化式加湿装置による $HOCl_{(g)}$ と $ICA_{(g)}$ の濃度（1 m^3 チャンバー内）[8)]
（各水溶液：pH 8.3，10 mg/L；風速：1 m^3/min）

る．減少傾向が始まった 10 分以降は，放散量よりも減衰量が上回っていることを意味している．図の網掛け部分の面積は，殺菌作用の指標となる濃度時間積（*CT*）を表している．60 分間の *CT* 値は，$HOCl_{(g)}$ は 2,300 ppb･min，$ICA_{(g)}$ は 7,300 ppb・min と概算される．

8.3.3　チャンバー内での殺菌効果

8.3.3.1　気相での殺菌

表 8.1 に，チャンバー内（1 m^3）で気相アンモニアの存在・非存在下で次亜塩素酸水溶液（pH 8.3, 10 mg/L）を供給した通風気化式加湿装置を稼働した時（風量：1 m^3/min）の湿潤寒天平板（栄養成分なし）上の黒カビ（*Cladosporium cladosporioides*）胞子の生菌数の変化を示す．コントロールとして，通風気化式加湿装置を稼働せずアンモニア存在下（20 ppm）に置いた場合，60 分後の胞子

表 8.1　気相アンモニアの存在・非存在下における湿潤寒天平板上の *C. cladosporioides* 胞子に対する通風気化式加湿装置の殺菌効果（1 m^3 チャンバー内）[8)]

通風気化式加湿装置	$NH_{3(g)}$ (ppm)	生菌数（CFU/plate）		対数減少値（−）
		初期	60分稼働後	
停止	20	4.0×10^4	4.0×10^4	0
稼働	—	6.1×10^3	< 50	> 2.1
稼働	20	6.1×10^3	< 50	> 2.1

供給次亜塩素酸水溶液：pH 8.3，10 mg/L；風速：1 m^3/min；相対湿度：47〜99%RH，18℃

の生菌数にまったく変化は見られていない．

アンモニア非存在下で通風気化式加湿装置を稼働した系は，$HOCl_{(g)}$ への暴露による殺菌効果を意味する．60分暴露後の胞子の生菌数は，検出限界の50 CFU/plate以下に達しており，対数減少値は > 2.1-logである．アンモニア存在下（20 ppm）で通風気化式加湿装置を稼働した場合，すなわち主として $ICA_{(g)}$ への暴露の場合，60分後の生菌数は検出限界以下となり，アンモニア非存在下と同等の結果が得られている．60分間の $ICA_{(g)}$ の *CT* 値は $HOCl_{(g)}$ よりも3.2倍大きいため殺菌効果の単純比較はできないが，アンモニア存在下で装置内の $FAC_{(aq)}$ が $ICA_{(aq)}$ に変換されたとしても，その高い揮発性から装置外の殺菌作用は維持されることを示唆している．

8.3.3.2　液相での殺菌

この実験は，装置内の $FAC_{(aq)}$ が $ICA_{(aq)}$ に変換された時の装置内部での接触酸化に対する影響を調べるために行ったものである．

図 8.13 に，*C. cladosporioides* 胞子を次亜塩素酸水溶液および NH_2Cl 水溶液（pH 8.3，10 mg/L）中で殺菌処理したときの生菌数の変化を示す．生残曲線は，いずれの水溶液中においても一次反応式で表され，10分間の殺菌効果はほぼ一致している．従来，モノクロラミンの殺菌作用は遊離塩素よりも弱いという認識であったが，薬剤耐性の高い *C. cladosporioides* 胞子に対しては pH 8.3のアルカリ性次亜塩素酸水溶液と同等の殺菌作用を示している．

一般に，カビ胞子の表面はグラム陽性の細菌栄養細胞と比較すると疎水性度が高い．多くのカビの胞子壁はハイドロフォビンという疎水性の強いタンパ

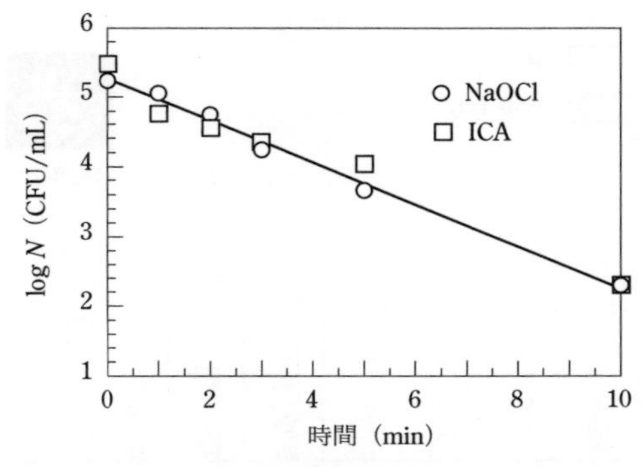

図 8.13　弱アルカリ性次亜塩素酸水溶液および無機クロラミン水溶液中での *C. cladosporioides* 胞子の殺菌効果[8]
（各水溶液：pH 8.3, 10 mg/L；20℃）

ク質に覆われており[13, 14]，特に *C. cladosporioides* の表層は疎水性度が高い[15]．$ICA_{(aq)}$ の主成分である $NH_2Cl_{(aq)}$ は電気的に中性で，$HOCl_{(aq)}$ よりも水溶液からの揮発性が高く細胞成分との反応性も低いことから，酸化力を維持したまま胞子の疎水性表層を透過して殺菌作用を及ぼしたのではないかと推測される．

8.4　大空間での浮遊菌・落下菌に対する殺菌効果

ここでは，水産物（缶詰，ちくわ）の製造実習に使用する製造工場（480 m^3）において電解次亜水（pH 8.4〜8.5）生成機能を搭載した通風気化式加湿装置 2 台を 8 時間稼働（風量：4 m^3/min）させたときの空中浮遊菌・落下菌の不活化効果を紹介する．この空間処理では，装置内部での $HOCl_{(aq)}$ と $OCl^-{}_{(aq)}$ による接触酸化効果（パッシブ）と空間中での $HOCl_{(g)}$ による酸化効果（アクティブ）の相加効果が得られることになる．

図 8.14 に，任意の 10 箇所に設置した栄養寒天培地入りシャーレ上に形成した落下菌のコロニー数を示す．通風気化式加湿装置を稼働していない場合，落下菌数の平均値は 53±11 CFU/plate である．一方，通風気化式加湿装置を稼働した場合，落下菌数は平均値 16±5 CFU/plate であり，約 70% の減少となっている．また，菌数だけではなく，加湿装置を稼働することによって形成されたコロニーの大きさにも顕著な差が見られており（挿入写真），増殖活性の低下を反映していると考えられる．

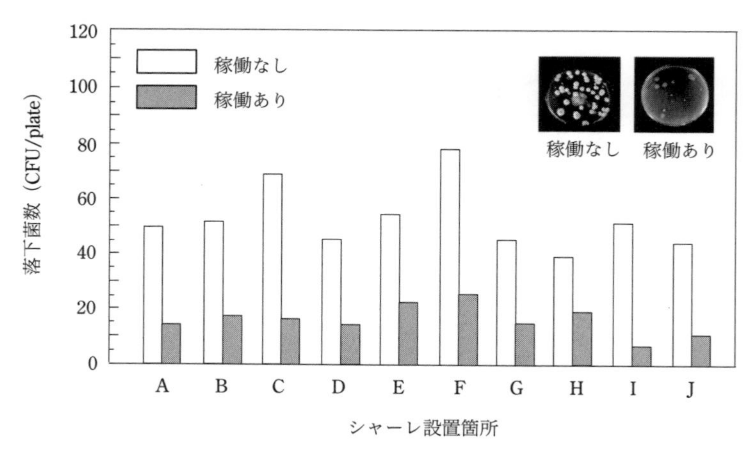

図8.14　大空間（480 m^3）での通風気化式加湿装置の稼働による落下菌数の減少
（通風気化式加湿器2台を稼働；$HOCl_{(g)}$：10～15 ppb；風量：4 m^3/min；稼働時間：8時間）

この実験と並行して，*S. aureus*（300～500 CFU/plate）を塗布した栄養寒天培地（塩素消費物質）入りシャーレを上記シャーレの横に置いて不活化効果を検討しているが，栄養寒天培地上の生菌数に有意な減少は見られていない．このことから，寒天平板上に落下した微生物に対する $HOCl_{(g)}$ の殺菌作用は無視できることになる．

装置の稼働中，加湿装置内の電解次亜水の遊離有効塩素濃度は15～20 mg/LでpHが8.0～8.5（HOCl：OCl^-≒25：75～10：90）であったので，装置から放散される $HOCl_{(g)}$ 濃度は10～20 ppb程度である．このシステムでは，空中浮遊菌に対する主な殺菌効果は装置内部での接触酸化であり，$HOCl_{(g)}$ が相加的な殺菌効果を及ぼしていると考えられる．

超音波霧化噴霧や二流体噴霧による次亜塩素酸水溶液の空間殺菌は，微細粒子として噴霧するため，次亜塩素酸イオン（OCl^-），塩化物イオン（Cl^-），ナトリウムイオン（Na^+）も空間中に噴霧されるため，白色の析出物（Na塩）の形成原因となる．一方，通風気化システムの場合，$HOCl_{(g)}$ 分子としての吹き出しのため，塩類の析出が起こらないという利点がある．また，$HOCl_{(g)}$ の放散量は次亜塩素酸水溶液の濃度，pH，風量で制御することが可能であるため，種々の空間での活用が期待できる．

引用・参考文献

1)　吉田真司 他：防菌防黴，**44**, 113–118 (2016).
2)　加藤稜也 他：*J.Environ.Control Technique*, **36**, 35–39 (2018).
3)　吉田真司 他：ibid, **35**, 260–266 (2017).
4)　中村幸翼 他：防菌防黴，**49**, 3–9 (2021).
5)　吉田真司 他：ibid, **47**, 3-6, 2019.
6)　牧村祥子 他：*J. Environ. Control Technique*, **37**, 163–169 (2019).
7)　水野裕貴 他：ibid, **38**, 152–157 (2020).
8)　中村幸翼 他：*J. Environ. Control Technique*, **38**, 234–241 (2020).
9)　Abdessemed, A. et al.: Combined chlorine degradation: the use of photolysis and homogeneous photocatalysis. pp. 5–29, LAP LAMBERT Academic Publishing (2015).
10)　Holzwarth, G. et al.: *Water Res.*, **18**, 1421–1427 (1984).
11)　McCoy, W. F.: Cooling Tower Institute Annual Meeting, TP-90-09, Huston, Texas (1990).
12)　Lechevallier, M. W. et al.: *Appl. Environ. Microbiol.*, **54**, 2492–2499 (1988).
13)　Latgé J. P. et al: *Can. J. Microbiol.,* **34**, 1325–9 (1988).
14)　Woesten, H. A. B. et al.: *Plant Cell*, **5**, 1567–1574 (1993).
15)　Chau, H. W. et al.: *Letters in Appl. Microbiol.*, **50**, 295–300 (2010).

第9章　次亜塩素酸のシリコーンゴムへの透過と種々の不活化作用

シリコーンゴムは，耐熱・耐寒性，耐薬品性，柔軟性に優れることから，各種の装置，器具，容器類のシール材や飲料自動販売機の配管チューブ，日用雑貨品などに幅広く使用されている．また，気体の透過性が高いことから，生体医療機器や気体分離等の膜素材にも応用されている[1)]．重症呼吸不全患者または重症心不全患者に対して使用される体外式膜型人工肺（ECMO）においてもシリコーンゴムが使用されている．一方，疎水性の香気成分や色素はシリコーンゴムに収着しやすく，洗浄後もゴム内部に残留する傾向がある．また，酸素透過性が高いために微生物の増殖を助長することにもなる[2, 3)]．そのため，シリコーンゴム内部の汚染物の除去や効果的な殺菌方法の確立が課題とされてきた．

非解離型次亜塩素酸（HOCl）は，ポリエチレンテレフタレート（PET）や高密度ポリエチレン（HDPE）などのプラスチック内部に浸透することができる（第4章）．同様に，非解離型次亜塩素酸は，シリコーンゴムを透過することができる．ここでいう透過とは，次亜塩素酸分子がシリコーンゴムの一方の側からゴム壁を通過して他方の側へ物質移動する現象である．

本章では，シリコーンゴムに対するHOClの透過挙動およびゴム壁を透過した非解離型次亜塩素酸の液相中（$HOCl_{(aq)}$）および気相中（$HOCl_{(g)}$）での殺菌作用および漂白作用を中心に述べる．

9.1　次亜塩素酸の透過挙動[4)]

9.1.1　$HOCl_{(aq)}$の透過

図9.1に，次亜塩素酸の透過挙動を調べるために用いたシリコーンチューブとその実験系を示す．液相中での浸透実験では，シリコーンチューブ（外径16 mm×内径12 mm；長さ95 mm）に純水10 mLを充填して両端を高密度ポリ

エチレン（HDPE）製キャップで密栓した後（図 9.1A），pH 5.0〜12.0 に調整した次亜塩素酸ナトリウム（以下，次亜塩素酸水溶液と表記）500 mL（初期濃度：1,000 mg/L）にチューブを浸漬させる（5〜35℃）（図 9.1B）．任意時間の浸漬後，チューブ内部の純水に透過した遊離有効塩素（FAC）濃度を測定して透過量とする．気相中での透過気化実験では，シリコーンチューブに pH 5.0〜12.0 に調整した次亜塩素酸水溶液 10 mL（初期濃度：1,000 mg/L）を充填して両端を密栓した後，密閉式のポリカーボネート（PC）製角形容器（容積 3 L）内に入れる（図 9.1C）．任意時間の静置後（25℃），PC 容器内の $HOCl_{(g)}$ 濃度（ppb, v/v）を測定する．

図 9.2 に，図 9.1B の実験で浸漬時間を 24 時間としときのシリコーンチューブ内部の FAC 濃度を示す．次亜塩素酸水溶液の pH が弱酸性領域から弱アルカリ性まで上昇するにつれて，FAC 濃度は低下する．pH 10〜12 では，FAC は検出されていない（< 0.01 mg/L）．この結果は，弱酸性領域において FAC 成分はシリコーンゴムを透過してチューブ内部の純水に移動できることを示している．ここでは示さないが，チューブ内部の FAC 濃度は，浸漬時間に依存して増加し，最終的には外部の次亜塩素酸水溶液とほぼ同じ濃度に達する．この時，チューブ内部の純水中には Na^+ は検出されていない（< 0.1 mg/L）．

また，透過した FAC 濃度と pH の関係は，水溶液の pH と非解離型次亜塩素酸の存在割合を示す曲線（図 1.3, p.6）ときわめて類似していることがわかる．図 9.2 の挿入図は，各 pH の次亜塩素酸水溶液中に存在する非解離型次亜塩素

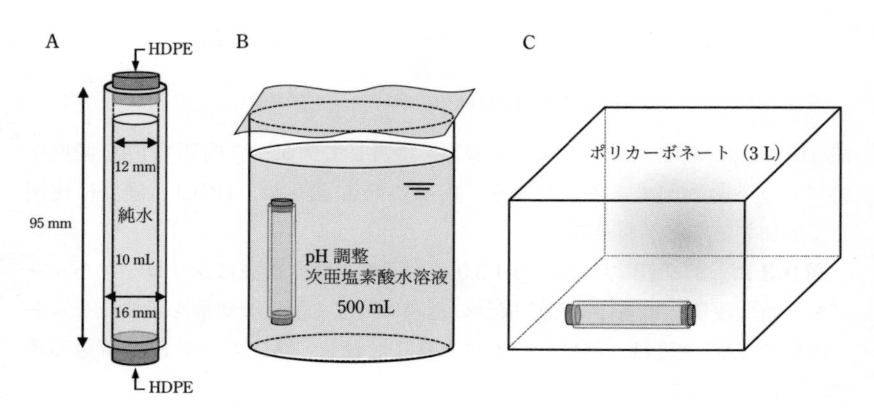

図 9.1　次亜塩素酸のシリコーンチューブに対する透過性の実験

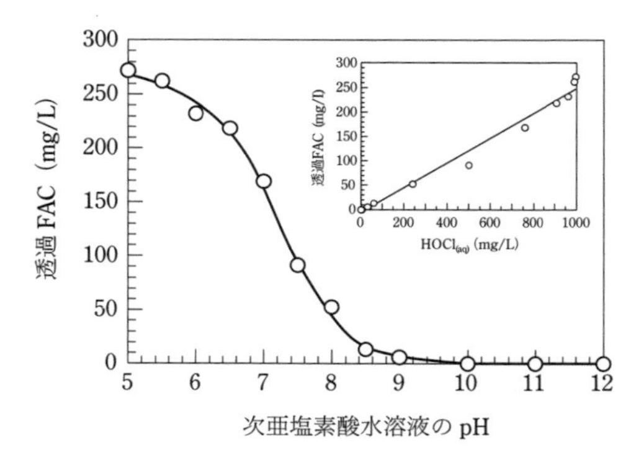

図9.2　シリコーンチューブ内部に透過したFAC濃度に及ぼす次亜塩素酸水溶液のpHの影響[4)]
（FAC濃度：1,000 mg/L，35℃，24時間浸漬）

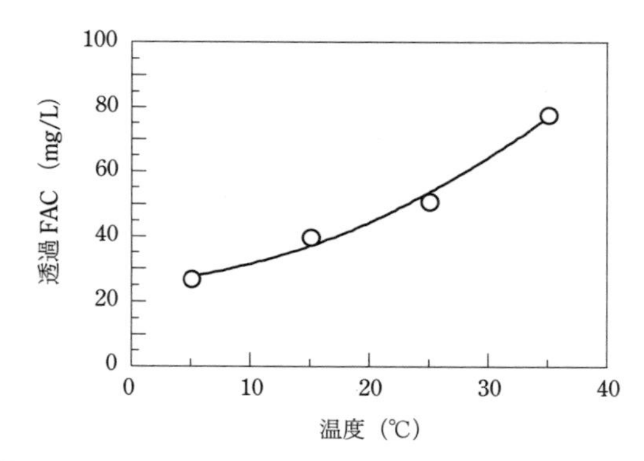

図9.3　シリコーンチューブ内部に透過したFAC濃度に及ぼす浸漬温度の影響[4)]
（FAC濃度：1,000 mg/L，pH 5.0，6時間浸漬）

酸（$HOCl_{(aq)}$）濃度（pK_a=7.5として算出）に対してチューブ内部のFAC濃度を再プロットした図である．チューブ内部のFAC濃度は，$HOCl_{(aq)}$濃度に比例して増加することがわかる．

図9.3に，図9.1Bの仕様でpH 5.0の次亜塩素酸水溶液にシリコーンチューブを6時間浸漬した時の，FAC成分の透過に及ぼす温度の影響を示す．チューブ内部のFAC濃度は，温度とともに上昇しており，熱によってFAC成分の透過が促進されることを示している．

以上の結果からわかるように，シリコーンチューブ内部に浸透したFAC成分は主として非解離型 $HOCl_{(aq)}$ であり（OCl^- が浸透していることは完全には否定できない），その透過量は次亜塩素酸水溶液中の $HOCl_{(aq)}$ 濃度と温度に依存して増加する．すなわち，シリコーンゴム壁内部の HOCl の移動は，拡散で進行することを明確に示している．

9.1.2　$HOCl_{(g)}$ の透過気化

図 9.4 に，pH 5.0～12.0 の次亜塩素酸水溶液を入れたシリコーンチューブを，図 9.1C の PC 容器内に 1 時間静置したときに気化した $HOCl_{(g)}$ 濃度を示す．$HOCl_{(g)}$ 濃度は，次亜塩素酸水溶液の pH が低いほど，すなわち非解離型 $HOCl_{(aq)}$ の存在割合が高いほど増加し，pH 5.0 では 650 ppb に達している．液相中の $HOCl_{(aq)}$ がシリコーンゴム壁内部に浸透し，拡散して移動し，気相に気化したと考えられる．また，透過気化実験において，PC 容器内の相対湿度は，37%RH（実験前）から 68%RH（実験後）に増加したことから，水分子もシリコーンチューブ外に気化していたことも確認されている．

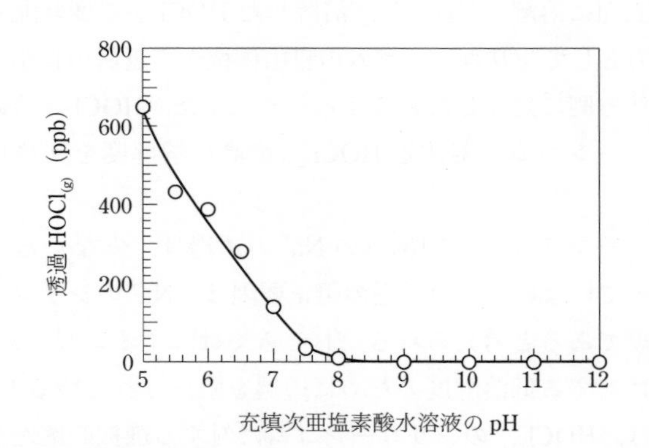

図 9.4　次亜塩素酸水溶液を充填したシリコーンチューブからの $HOCl_{(g)}$ の透過気化量に及ぼす pH の影響[4)]
（FAC 濃度：1,000 mg/L，25℃，1 時間静置，35～40%RH）

9.1.3　透過の原理

高分子材料に対する物質移動の概念は，一般に溶解－拡散機構（**図 9.5**）に基づいて考えられている[5-7)]．たとえば，非多孔質の気体分離用高分子膜の場合，気体はまず高分子膜の表面に溶解し，この溶解した気体が高分子膜中の高

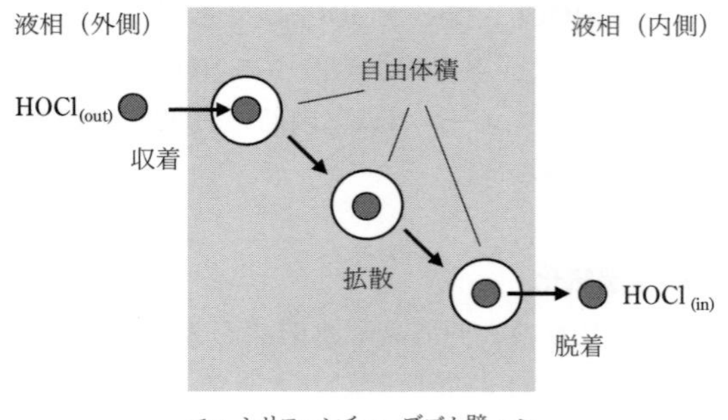

図 9.5　溶解–拡散機構に基づく HOCl のシリコーンゴムの透過機構

分子鎖間隙を拡散していくと考える[8]．シリコーンゴム（ポリジメチルシロキサン：PDMS）は，シロキサン結合（–Si–O–Si–）が高い柔軟性を持ち，主として非晶部分にある高分子鎖間の空隙（自由体積）が大きいため，気体に対する透過性が高い．溶解–拡散機構の概念に従うと，電気的に中性な $HOCl_{(aq)}$ がシリコーンゴムの表面に溶解（収着）し，溶解した HOCl が濃度勾配と熱による分子運動を駆動力としてシリコーンゴムの自由体積から近傍の自由体積への拡散を繰り返し，他方側に到達したと考えられる．また，HOCl の透過速度が大きいのは，シリコーンゴムに対する $HOCl_{(aq)}$ の高い溶解度を反映していると思われる．

一方，シリコーンチューブ内部への Na^+ の透過は，少なくとも検出可能レベルでは起こっていない．この透過の阻止要因は，Na^+ のシリコーンゴムに対する低い溶解度であると考えられる．おそらくは，イオン型である OCl^- もシリコーンゴムに対する低溶解度のために透過を阻止されていると推測される．これらの事実は，$HOCl_{(aq)}$ のシリコーンゴムに対する選択的透過挙動を利用すれば，様々なイオン種が存在する水溶液中から $HOCl_{(aq)}$ のみを分離（精製）できることを意味している．

9.2　透過次亜塩素酸の殺菌作用

ここでは，液相中でシリコーンチューブ内に透過した $HOCl_{(aq)}$ による殺菌効果（図 9.1B）と気相中に透過した $HOCl_{(g)}$ による殺菌効果（図 9.1C）について述べる．

9.2.1 $HOCl_{(aq)}$ の殺菌作用

表 9.1 に，0.9% NaCl 水溶液で調製した *Staphylococcus aureus* の菌懸濁液（6.7×10^6 CFU/mL）を充填したシリコーンチューブを，pH 5.0, 7.5, 10.0 に調整した次亜塩素酸水溶液（初期濃度：100 mg/L）に 12 時間および 24 時間浸漬したときの生菌数の変化を示す．pH 5.0 の系では，12 時間の浸漬で生菌数は検出限界以下（< 10 CFU/plate）に達し，対数減少値は 5.8 超となっている．pH 7.5 の系では，12 時間後の生菌数は 3.8×10^5 CFU/mL で対数減少値は 1.2 であったが，24 時間後では検出限界以下となった．pH 10 の系では，12 時間後

表 9.1 シリコーンチューブ内の *S. aureus* に対する透過 $HOCl_{(aq)}$ の殺菌効果（35℃）

浸漬時間	次亜塩素酸水溶液の pH	生菌数 (CFU/mL)	対数減少値 (−)
コントロール 24h		6.7×10^6	−
12h	5.0	< 10	> 5.8
	7.5	3.8×10^5	1.2
	10.0	6.2×10^6	0.034
24h	5.0	< 10	> 5.8
	7.5	< 10	> 5.8
	10.0	4.6×10^6	0.16

図 9.1B の次亜塩素酸水溶液の FAC 濃度：100 mg/L

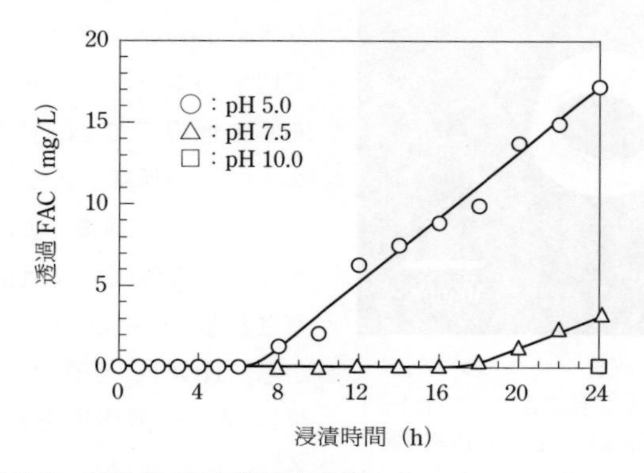

図 9.6 0.9% NaCl 水溶液を充填したシリコーンチューブ内部への $HOCl_{(g)}$ の透過[4]
（図 9.1B の次亜塩素酸水溶液の FAC 濃度：100 mg/L）

および24時間後における生菌数はいずれも初発菌数と同じ 10^6 オーダーであり，有意な殺菌効果は得られなかった．

図9.6に，上記と同じ実験系において，0.9% NaCl水溶液を充填したシリコーンチューブをpH調整次亜塩素酸水溶液に浸漬した時のチューブ内部のFAC濃度の変化を示す．FACは，pH 5.0では浸漬8時間で，pH 7.5では16時間で検出され，その後は時間とともに増加している．pH 10.0の場合，24時間後でもFACは検出されていない．

表9.1と図9.6の結果を照らし合わせると，シリコーンチューブの内部に存在する*S.aureus*の生菌数は，チューブの外側から内部に透過した $HOCl_{(aq)}$ の濃度に依存して減少したことがわかる．

9.2.2　$HOCl_{(aq)}$ の再移行と殺菌作用

上述のように，図9.1Bの仕様で純水を充填したシリコーンチューブをpH 5.0の次亜塩素酸水溶液に浸漬すると，$HOCl_{(aq)}$ のチューブ内部への透過が起こる．この時，シリコーンゴム壁内部には $HOCl_{(aq)}$ が酸化力を保持したまま収着した状態で存在する．このシリコーンチューブを純水に浸漬すると，シリコーンゴム壁から純水中に $HOCl_{(aq)}$ が再移行する．

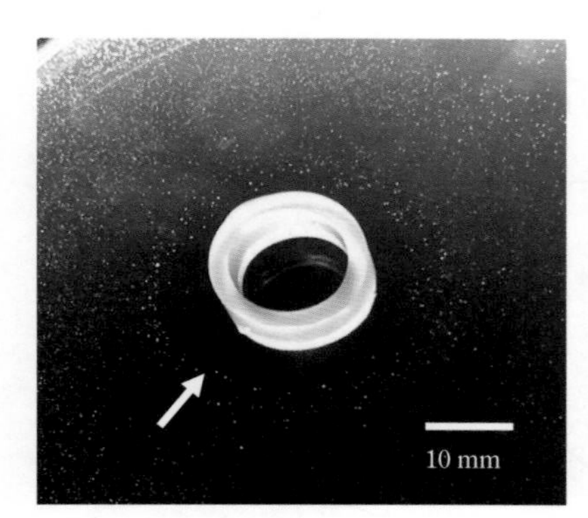

図9.7　$HOCl_{(g)}$ 収着シリコーンチューブの周囲に形成された阻止円[4]（*S. aureus*を培養した1/10標準寒天培地）

図9.7は，次亜塩素酸水溶液中に6時間浸漬して $HOCl_{(aq)}$ を収着させたシリコーンチューブ切断片（10 mm）を，*S. aureus*を塗布した1/10標準寒天培地のシャーレ中央部に差し込み，35℃の恒温槽で24時間培養した後のシャーレの写真である．チューブ内部にはコロニーはまったく形成されず，チューブの外側には阻止円の形成が観察される（図中の矢印）．当然のことながら，$HOCl_{(aq)}$ が菌体の近傍に拡散すれば強い殺菌作用を及ぼすことになる．

9.2.3 $HOCl_{(g)}$ の殺菌作用

表 9.2 に，図 9.1B の仕様で純水を充填して $HOCl_{(aq)}$ を透過させたシリコーンチューブ（チューブ内部の FAC 濃度は 300 mg/L）を入れた PC 容器内（図 9.1C）に，*S. aureus*（6.7×10^6 CFU/mL）を塗布した食塩寒天平板（培地成分を含まない）を入れて，気化 $HOCl_{(g)}$ と接触させたときの生菌数の変化を示す．10 分間の曝露で生菌数は 2.2×10^4 CFU/mL に減少し（対数減少値：2.9），60 分間の曝露では検出限界以下（< 50 CFU/plate）となっている．これは，明らかにチューブの外側に揮発した $HOCl_{(g)}$ の殺菌作用に起因している．この実験において，PC 容器内の 60 分後の $HOCl_{(g)}$ 濃度は 480 ppb，相対湿度は 99%RH に達していた．

以上の結果から，非解離型次亜塩素酸はシリコーンゴムを介して外側の液相から内部の液相へ，そして内部の液相から外部の気相へ移動して殺菌に寄与したことになる．これらの結果は，シリコーンチューブが HOCl を液相および気相に供給するための媒体として有効であることを示唆している．

表 9.2 次亜塩素酸が内部に透過した水溶液を含むシリコーンチューブから透過気化した $HOCl_{(g)}$ の *S. aureus* に対する殺菌効果（20℃）

暴露時間	生菌数（CFU/plate）	対数減少値（－）
コントロール	1.9×10^7	－
10 min	2.2×10^4	2.9
60 min	< 50	> 5.6

シリコーンチューブ内部の FAC 濃度：300 mg/L

9.3 気相における $HOCl_{(g)}$ のプラスチック収着色素の脱色作用 [9)]

弱酸性水溶液中の $HOCl_{(aq)}$ は，ポリエチレンテレフタレート（PET）板や高密度ポリエチレン（HDPE）板に収着したターメリックの黄色色素であるクルクミンの脱色に有効である．これは，$HOCl_{(aq)}$ が PET や PE の内部に浸透し，収着したクルクミンを酸化分解することに起因している（第 4 章）．

一方で，実際の現場では対象物の脱臭・脱色に水溶液を使用できない場合も多く，ドライ環境での脱臭・脱色が課題として残されていた．上述のように，シリコーンチューブ壁を透過した $HOCl_{(g)}$ の酸化力は，ドライ環境における脱臭・脱色操作に利用できると期待できる．ここでは，クルクミンが収着した種々のプラスチック材料を対象に，$HOCl_{(g)}$ の脱色効果を検討した事例を紹介する．

9.3.1　気相での PET 板の脱色

図 9.8 に，次亜塩素酸水溶液（pH 5.0，1,000 mg/L）充填シリコーンチューブを入れた PC 容器内（図 9.1C）にクルクミン収着 PET 板（24 時間収着）を置いて，透過気化した $HOCl_{(g)}$ に 21 日間暴露させたときの着色度 b 値の経時変化を示す．シリコーンチューブ内の次亜塩素酸水溶液は，3 日間隔で交換し，PC 容器内の $HOCl_{(g)}$ 濃度を 5,500 ppb 以上に保つように設定している．図中の破線は，クルクミン収着前の PET 板の b 値（−5.0）である．b 値（脱色前：66.6）は，最初の 4 日間で 7.9 まで急速に減少し，その後緩やかに減少を続けた．21 日間の暴露後の b 値は 4.7 であった．この実験において PET に収着したクルクミンが脱色されたのは，気相中の $HOCl_{(g)}$ が PET 内部に浸透して脱色に寄与したことにほかならない．

この操作とは別に，pH 4.0～5.0 の次亜塩素酸水溶液中（pH 5.0）でクルクミン収着 PET 板の脱色を 2 時間行ったところ，b 値はマイナス値(−4.8～−2.5)まで減少し，着色前の状態（−5.0）まで脱色されていた．この液相での $HOCl_{(aq)}$ の脱色作用と比較すると，$HOCl_{(g)}$ の脱色速度は遥かに小さい．この脱色速度の違いは，$HOCl_{(aq)}$ (1,000 mg/L，w/v）と $HOCl_{(g)}$ (5.5 ppm, v/v）の各相での分子密度（濃度）に起因していると考えられる．

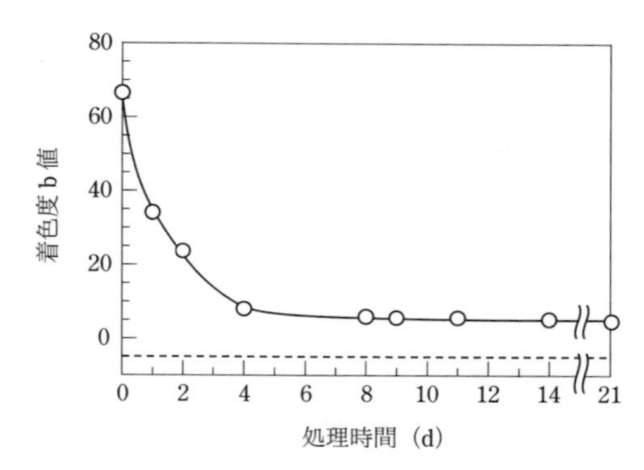

図 9.8　次亜塩素酸水溶液を充填したシリコーンチューブから透過気化した $HOCl_{(g)}$ によるクルクミン収着 PET 板の脱色[9)]
（FAC 濃度：1,000 mg/L；pH 5.0，20℃）

9.3.2　気相での種々のプラスチック板の脱色

プラスチック材料として，ポリメチルメタクリルレート（PMMA），高密度

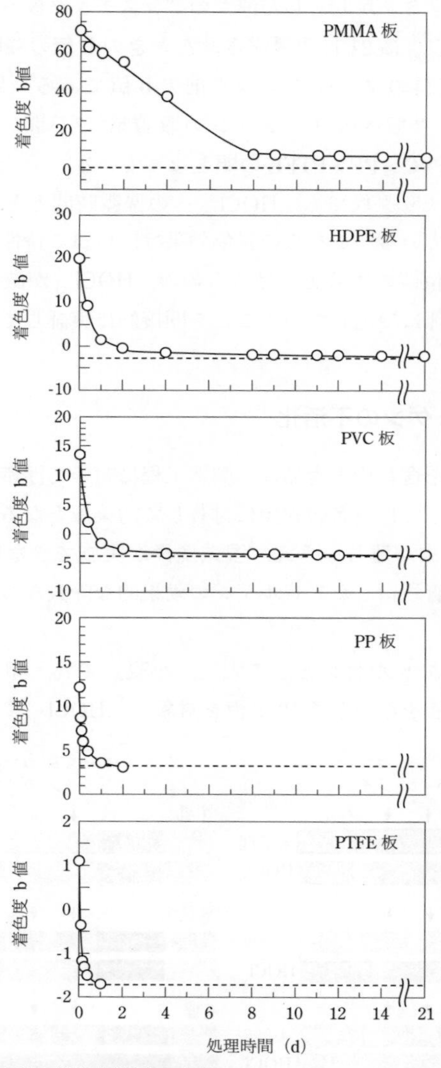

図 9.9　次亜塩素酸水溶液を充填したシリコーンチューブから透過気化した $HOCl_{(g)}$ によるクルクミン収着プラスチック板の脱色[9]（FAC 濃度：1,000 mg/L；pH 5.0，20℃）

ポリエチレン（HDPE），ポリプロピレン（PP），ポリテトラフルオロエチレン（PTFE），ポリ塩化ビニル（PVC）の板材を用いている．

図 9.9 に，クルクミンが収着した種々のプラスチック板へシリコーンチューブを透過した $HOCl_{(g)}$ に 21 日間暴露させたときの b 値の経時変化を示す．図中の破線は，各試料のクルクミン収着前の b 値である．処理 0 時間の b 値各種はプラスチック板へのクルクミンの収着量（7 日間）を反映しており，PMMA > HDPE > PVC > PP > PTFE の順となっている．

いずれのプラスチック板でも，$HOCl_{(g)}$ への暴露時間とともに b 値が減少することが確認されている．これらの脱色効果は，材質の特性および各材質でのクルクミンの収着位置の影響を受けるものの，$HOCl_{(g)}$ が酸化力を保持したままプラスチック内部に浸透していることを間接的に実証している．

9.4　食物アレルゲンの不活化[10)]

アレルギー物質を含む粉末食品は，製造工程において浮遊しやすいため，製造設備や機器，そして作業者の衣類に付着して汚染源となる．特に，粘着性が高いものは洗浄除去が難しいうえ，湿式洗浄が実施できない現場も少なくない．そのため，付着残留したアレルゲンの効果的な除去ならびに不活化が課題となっている．

ここでは，食物アレルゲンとして大豆，小麦，牛乳，卵白，そば，落花生から調製した抽出液を塗布した PET 板を対象に，$HOCl_{(g)}$ による不活化実験を

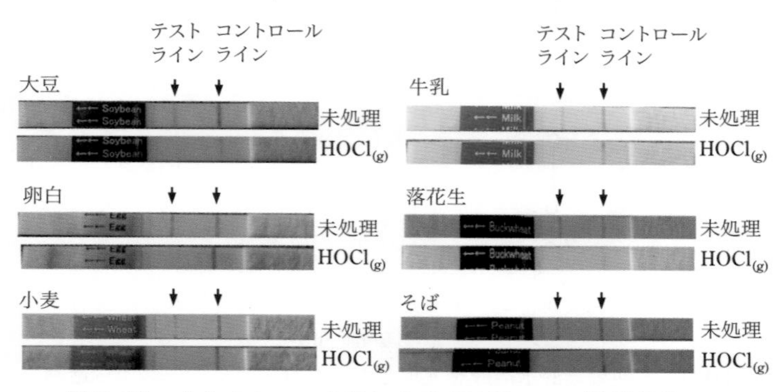

図 9.10　イムノクロマト法による $HOCl_{(g)}$ への暴露前後での各種アレルゲン物質の残留性の判定の一例

行った事例を紹介する．

殺菌・脱色実験と同様に，次亜塩素酸水溶液（pH 5.0，1,000 mg/L）充填シリコーンチューブを入れたPC容器内（図9.1C）にアレルゲン塗布PET板を置いて，透過気化した$HOCl_{(g)}$に24時間暴露させる（25℃）．暴露後，希釈用緩衝液を染み込ませた綿棒でPET板の表面をふき取り，イムノクロマト法でアレルゲン残留性を評価する．

図9.10に，$HOCl_{(g)}$への暴露前後のPET板のアレルゲン残留性を検査したときのイムノクロマトキットの写真を示す．判定は，目視によりテストライン部分の赤紫のラインがコントロールラインと同程度の濃さのものを陽性（+），ラインが見えないものを陰性（−），コントロールラインの濃さよりも薄く見えるものを弱陽性（+w）と判定している．ここに図示した結果は，いずれのアレルゲン物質においてもテストラインが見えないため，陰性と評価した事例である．

表9.3は，各アレルゲン物質に対して$HOCl_{(g)}$による不活化試験を3回ずつ行ったときの結果である．この実験では，PC容器内の$HOCl_{(g)}$濃度は5,500 ppb以上に保たれている．卵白と小麦の試験では，弱陽性（+w）と判定される結果が1回ずつ見られるのみで，その他の試験ではすべて陰性（−）となっている．この不活化効果は，$HOCl_{(g)}$がアレルゲンタンパク質を酸化分解する作用に起因すると考えられる．

表9.3 次亜塩素酸水溶液を充填したシリコーンチューブから透過気化した$HOCl_{(g)}$による各種アレルゲン物質の不活化[10)]

アレルゲン	テストラインの色の濃さ	
	未処理	$HOCl_{(g)}$暴露
大豆	+／+／+	−／−／−
卵白	+／+／+	−／+w／−
小麦	+／+／+	−／−／+w
牛乳	+／+／+	−／−／−
そば	+／+／+	−／−／−
落花生	+／+／+	−／−／−

アレルゲンの不活化は，次亜塩素酸水溶液（pH 5.0，1,000 mg/L）充填シリコーンチューブを入れたPC容器内で実施（n=3）．

引用・参考文献

1) Warrick, E. L. et al.: *Rubber Chem. Technol.*, **52**, 437–525 (1979).
2) Giambernardi, T.A., and Klebe, R.J.: *Lett. Appl. Microbiol.*, 1997, **24**, 207–210 (1997).
3) Marion-Ferey, K. et al.: *J. Hosp. Infect.*, **53**, 64–71 (2003).
4) 吉田すぎる 他：防菌防黴，**48**, 247–253 (2020).
5) Labruyère, C. at al.: *Polymer*, **50**, 3626–3637 (2009).
6) Li, P., Chung, T. S., and Paul, D. R.: *J. Membrane Sci.*, **432**, 50–57 (2013).
7) Netramai, S. et al.: *J. Appl. Polym. Sci.*, **114**, 2929–2936 (2009).
8) 佐藤修一，永井一清：膜，**30**, 20-28 (2005).
9) 福﨑智司 他：*J. Environ. Control Technique*, **39**, in press (2021).
10) 福﨑智司 他：防衛施設学会年次フォーラム 2021，1–8 (2021).

第10章　次亜塩素酸による局部腐食と劣化

食品の製造現場は，金属材料に対して腐食条件が整った環境と言える．腐食性因子としては，食品に含まれる多量のCl^-や硫黄成分，水による湿潤環境，加熱工程における高温環境が挙げられるが，これらの因子と次亜塩素酸水溶液などの酸化剤が共存すると腐食環境を高める原因となる．同様に，食品製造機器に使用されているゴム製シール材（ガスケット，パッキン）の代表的なシール素材であるエチレンプロピレンゴム（EPDM）においても，次亜塩素酸水溶液の酸化作用によって黒粉や墨汁化と呼ばれる劣化現象が起こり，漏水，異物混入などの原因となっている．

また，不織布ふきんは食品製造現場や飲食店において拭き取り洗浄などに幅広く用いられているが，素材の種類によっては次亜塩素酸水溶液との接触において遊離有効塩素（FAC）濃度の著しい低下や不織布繊維の劣化が見られることがある．

10.1　ステンレス鋼の腐食

ステンレス鋼とは，鉄（Fe）に11%以上のクロム（Cr）を添加した合金の総称である．その名称には，さびにくい性質（Stain-less）の鋼（Steel）という意味があり，さびない鋼ではない．つまり，基本的にはステンレス鋼も“鉄”である．鉄を水と酸素のある環境下に置くと，やがて鉄さび（腐食）が発生する．これは，鉄には表面に保護性の良い酸化皮膜ができにくいためである．ところが，Feに11～12%（w/w）のCrを添加すると，表面に緻密で密着性の良い皮膜が形成される．耐食鋼の要件としては，金属の表面に皮膜が形成され，それが十分な保護性を持つか否かが重要なのである．

10.1.1　ステンレス鋼の不動態皮膜

ステンレス鋼の表面に見られる酸化皮膜のように，耐食性の高い保護皮膜のことを不動態皮膜と呼ぶ．ステンレス鋼の不動態皮膜は，Cr と Fe の水和酸化物（$Cr_2O_3 \cdot nH_2O + Fe_2O_3 \cdot mH_2O$）とオキシ水酸化物（$CrO \cdot OH \cdot xH_2O + FeO \cdot OH \cdot yH_2O$）からなる非晶質構造である（図10.1参照）．膜厚は20～30Å と薄く，密着性に優れ，化学的にも安定な構造である．不動態皮膜は，水と酸素があれば自然に再生される．ここで，酸化皮膜内の結合水は Cr や Fe のイオン化と皮膜の形成を助けるとともに，皮膜の非晶質構造を安定化させる働きをもつと考えられている．さらに，不動態皮膜の最表面には，吸着水に由来する水酸基が形成されており，固相の一部を形成している[1]．

ステンレス鋼の優れた耐食性は，生成した不動態皮膜の①物理的保護効果，②小さい溶解速度，③優れた自己修復機能に基づいている．

しかし，一端この不動態皮膜が局部的に破壊され，皮膜が再生されない環境に置かれ続けると，ステンレス鋼の局部腐食が起こることになる．

10.1.2 ステンレス鋼の局部腐食

金属の水溶液中での腐食は，全面腐食（均一腐食）と局部腐食に分けられる．全面腐食は，鉄などの卑な金属に見られる現象であり，表面が均一に腐食する．つまり，アノード（電子が流れ出す電極）が常に移動しているのである（10.1式）．このとき，カソード（電子が流れ込む電極）での電子の受け取りは中性領域の水溶液中では溶存酸素が（10.2式），酸性領域の水溶液では水素イオンが担う（10.3式）．

$$Fe \longrightarrow Fe^{2+} + 2e^- \qquad (10.1)$$

$$1/2O_2 + H_2O + 2e^- \longrightarrow 2OH^- \qquad (10.2)$$

$$2H^+ + 2e^- \longrightarrow H_2 \qquad (10.3)$$

局部腐食は，ステンレス鋼などの耐食性の高い金属に見られる現象であり，アノードとカソードが固定されているため，アノード部が集中的に腐食される．

ステンレス鋼の不動態皮膜は，通常の中性付近の水溶液環境では安定に存在して腐食を生じない．しかし，環境中に塩化物イオン（Cl^-）が存在する場合には，不動態皮膜が局部的に破壊されて，しばしば局部腐食を発生すること

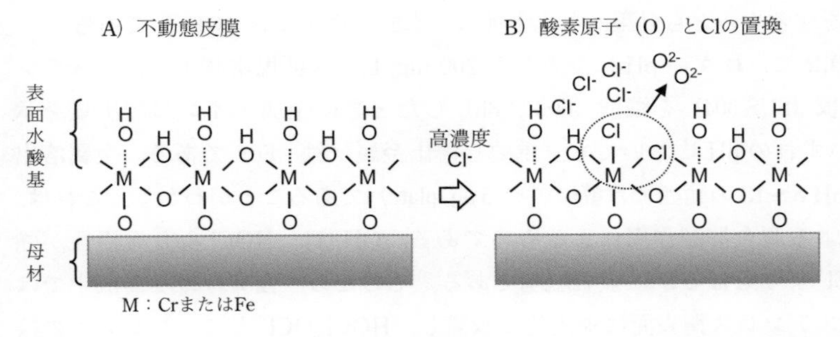

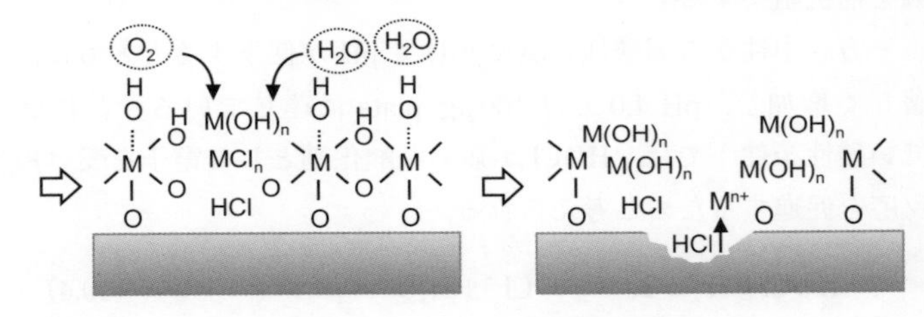

図 10.1 塩化物イオンによる不動態皮膜の破壊

が知られている．**図 10.1** に，Cl^-によるステンレス鋼の不動態皮膜の破壊の模式図を示す．Cl^-は，金属（M^{n+}）との親和性が高く，腐食を起こすアノードに泳動して局部的に濃縮されるような挙動をとる．その結果，高濃度のCl^-と酸化皮膜の格子のOとの間で置換反応が起こり，塩化物（MCl_n）として溶解する．そして，塩化物が加水分解されて水酸化物のさび（$M(OH)_n$）と塩酸（HCl）を生成する．こうして，アノード部のH^+が濃縮して局所的にpHが低下する．その結果，酸化皮膜の破壊が起こり，孔状に局部腐食（孔食）が進行する．

10.1.3 次亜塩素酸によるステンレス鋼の腐食

10.1.3.1 pH の影響

ステンレス鋼の局部腐食は，Cl^-と酸化剤の共存下で促進される．特に，次亜塩素酸（$HOCl/OCl^-$）は酸化剤と陰イオンとしての性質を合わせ持つうえ，反応生成物がCl^-であることから，アノードとカソードの両側でステンレス鋼の腐食環境を高める原因となる．一方，次亜塩素酸やCl^-とステンレス鋼との界面接触を阻害する物質が共存すれば，腐食作用を緩和することができる．この働きをするもっとも効果的な化学種は，水酸化物イオン（OH^-）である．

図 10.2 に，種々の pH に調整した 200 mg/L の次亜塩素酸水溶液にステンレス鋼板（SUS 304）を浸漬（60℃，8h）したときの金属イオンの溶出量を示す[2]．いずれの pH においても，主要な溶出金属は鉄（Fe）である．金属溶出量は，pH 8～13 の範囲では軽微（< 2.5 μg/plate）であることがわかる．これは，OH^-による腐食抑制作用によるものである．OH^-は，HOCl よりも極性が強く，OCl^-よりもはるかに強い塩基である．そのため，強アルカリ溶液中では OH^-はステンレス鋼表面に優先的に吸着し，HOCl/OCl^-とステンレス鋼の接触を拮抗阻害する．

一方，中性から弱酸性領域にかけて pH が低下するとともに，金属溶出量は著しく増加し，pH 4.0 では 100 μg/plate に達している．これは，OH^-濃度が低い酸性条件下では，HOCl が強力な酸化剤として電子を受け取り，カソード反応を促進するためと考えられる．

$$HOCl + H^+ + 2e^- \longrightarrow Cl^- + H_2O \tag{10.4}$$

このように，次亜塩素酸水溶液をアルカリ性溶液として使用する限りにおいては，OCl^-のステンレス鋼に対する腐食作用は大きく軽減される．なお，アルミニウムなどの両性金属（酸とも塩基とも反応する金属）が機器に使用されている場合は，OH^-による腐食を防止するために，メタケイ酸ナトリウム（Na_2SiO_3）などの防錆剤が配合される．メタケイ酸ナトリウムは，非鉄金属の

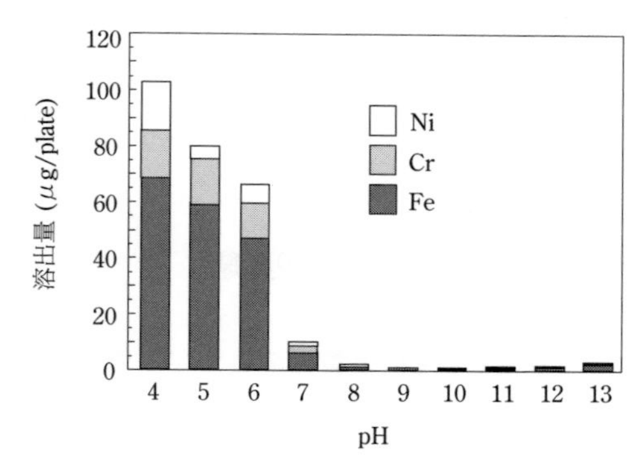

図 10.2　pH 調整次亜塩素酸水溶液中でのステンレス鋼板（SUS 304）からの金属溶出量[2]
（浸漬条件：FAC 濃度 200 mg/L，60℃，8 h）

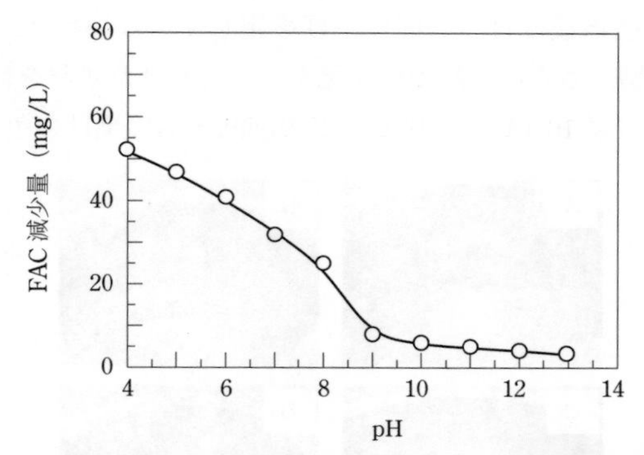

図 10.3　pH 調整次亜塩素酸水溶液にステンレス鋼板（SUS 304）を浸漬したときの FAC 濃度の減少量と pH の関係
（浸漬条件：FAC 濃度 200 mg/L，40℃，24 h）[3)]

表面に防食被膜を形成して防食作用を示す[4)].

図 10.3 に，上記と同様の実験系で，pH 調整次亜塩素酸水溶液（200 mg/L）にステンレス鋼板（SUS 304）を浸漬（40℃，24h）したときの遊離有効塩素（FAC）濃度の減少量を示す[3)]．FAC 減少量は，pH 9〜13 の範囲では 2〜8 mg/L の低い範囲にあり，次亜塩素酸水溶液の初期 FAC 濃度 200 mg/L はほぼ保たれている．しかし，pH が中性から弱酸性領域に低下すると FAC 減少量は増加し，pH 4.0 では 52 mg/L に達している（減少率：26%)．主要な溶出金属が Fe^{2+} とすると，HOCl はアノード側では Fe^{2+} の酸化反応（10.5 式）を促進し，カソード側では HOCl が電子を受け取る（10.4）式が進行して，FAC 濃度が減少したと考えられる．

$$2Fe^{2+} + HOCl \longrightarrow 2Fe^{3+} + Cl^{-} + OH^{-} \qquad (10.5)$$

弱酸性次亜塩素酸水溶液は，低濃度で強力な殺菌効果を示すことから，設備・機器や食材の殺菌操作への適用が普及し始めているが，ここでの結果は使用条件によってはステンレス鋼の腐食を促進する危険性があることを示唆している．

10.1.3.2　溶接部の表面仕上げと耐食性

図 10.4 に，溶接を施したステンレス鋼（SUS 316）部材をアルカリ性の次亜塩素酸ナトリウム水溶液中（100 mg/L）に室温にて 2 カ月間浸漬したときの外

観写真を示す．各溶接部は，表面仕上げを施していない状態，酸洗，ビードカットとバフ研磨，さらに硝酸不動態化を組み合わせた処理を行っている．仕上げなしの場合（図10.4A），溶接ビードの凹凸と溶接焼けの色が残っており，

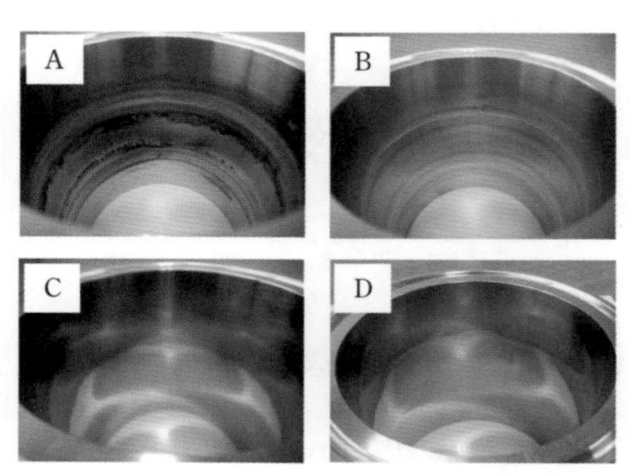

図10.4 次亜塩素酸ナトリウム水溶液中（100 mg/L）におけるステンレス鋼（SUS 316）溶接部の耐食性と表面仕上げの効果（室温，2ヵ月）
A：仕上げなし；B：酸洗；C：ビードカット＋バフ研磨；
D：ビードカット＋バフ研磨＋硝酸不動態化

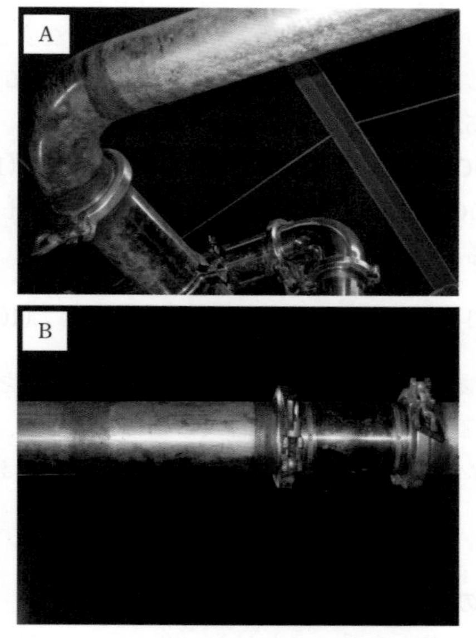

図10.5 ステンレス鋼配管（SUS 304）の結露部の腐食
(A) 配管底部の結露箇所；(B) クランプ支持部分

浸漬後はビードから少し離れた領域（熱影響部）に顕著な腐食痕が見られる．酸洗で溶接焼けを除去した場合（図 10.4B），わずかではあるが熱影響部に腐食痕が見られる．一方，ビードカットしてバフ研磨を施した場合（図 10.4C），浸漬後も光沢のある表面が維持されており，腐食は認められない．さらに，硝酸処理することにより，溶接による熱影響部も再不動態化され耐食性が向上するため，次亜塩素酸に対する耐腐食性は著しく改善される（図 10.4D）．

10.1.3.3 揮発・濃縮による腐食

設備・機器類や温水・貯湯槽において，次亜塩素酸水溶液と均一に接触している部分は，腐食の発生はむしろ少ない．一方，水溶液と直接接触していない機器・配管の外面や，貯水槽内の気相部の壁面や蓋に激しい腐食が発生することがある．これは，水の気化と一緒に揮発した非解離型 HOCl や飛散した微細粒子中の HOCl/OCl^-が外面や壁面に付着し，その部分で湿潤と乾燥を繰り返して局所的に濃縮されることに起因する．

図 10.5 に，日常的に次亜塩素酸ナトリウム（200 mg/L）を用いて設備・機器の洗浄・殺菌操作を実施している工場内のステンレス鋼配管の写真を示す．HOCl が飛散してステンレス鋼表面に付着しても，常に乾燥状態であればさびの発生は起こらない．これは，次亜塩素酸水溶液を用いた超音波霧化噴霧（第7章）および通風気化式加湿装置（第 7 章）を用いた室内空間でも同様である．しかし，冬期での結露，蒸気による濡れ，そして乾燥が繰り返される製造現場では，水滴が付着・滞留しやすい配管の底部（図 10.5A）やクランプ支持部分（図 10.5B）に，塩素に起因するさびが発生しやすい．図 10.1 で示したアノード部での腐食と（10.4）式のカソード部での反応が起こったと考えられる．

非解離型の HOCl は揮発しやすい性質である．そのため，弱酸性次亜塩素酸水溶液のバブリングやシャワーリング，加温，高濃度水溶液としての使用の際は，HOCl の飛散が起こりやすく，腐食発生の危険性も高まる．しかし，HOCl が飛散してステンレス鋼表面に付着しても，常に乾燥状態であれば腐食は起こらない．したがって，Cl の飛散濃縮による腐食に対するもっとも簡便な対策は，対象箇所を定期的に水で十分に洗浄したうえで，乾燥状態を保つことである．

10.2　エチレンプロピレンゴム（EPDM）の劣化

EPDMの劣化機構を推定するためには，EPDM表面の外観変化を伴わない劣化の初期段階と，亀裂や脱離現象などの外観変化が起こる劣化の顕在化段階での次亜塩素酸の挙動を明らかにする必要がある．ここでは，カーボンブラック（CB）を充填したEPDMへの次亜塩素酸の浸透と拡散を，電子プローブマイクロアナライザー（EPMA）で分析した研究例を紹介する．

10.2.1　劣化の初期段階でのHOClの浸透

図10.6に，pH 4～9に調整した次亜塩素酸水溶液（90 mg/L）にEPDM試験片を4℃で180日間浸漬したときの，塩素原子（Cl）の内部分布（面分析）を示す[5]．図中の破線は，試験片の最表面の位置を示しており，右側に向かうほど試験片の深さ方向（内部）になる．図中では，Clの特性X線強度（I_{Cl}）が大きいほど明るく示されている．次亜塩素酸水溶液のpHが低くなるとともに，I_{Cl}が大きくなる傾向が明確に観察される．これは，EPDM内部へのClの浸透は，次亜塩素酸水溶液中での非解離型HOClの存在割合（濃度）に依存して促進されることを示している．この現象は，EPMAの線分析でも確認している．

また，EPDM内部へのHOClの浸透は，FAC濃度および浸漬温度に依存して増加する[6]．すなわち，HOClの浸透は濃度勾配を駆動力とする拡散で進行していると考えられる．

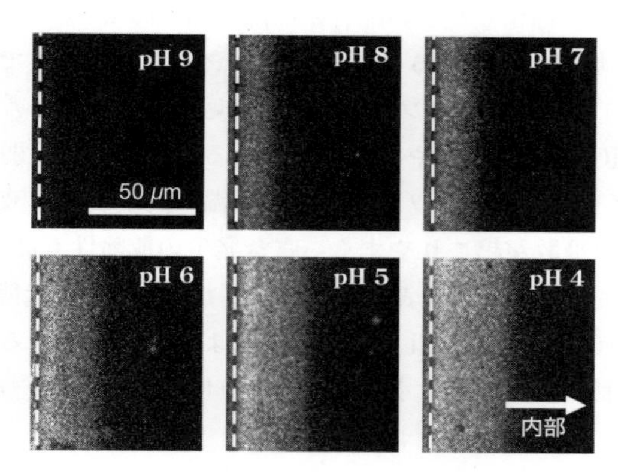

図10.6　EPDM試験片の断面における典型的なClの拡散分布[4]
（浸漬条件：FAC濃度90 mg/L，4℃，180日間）

10.2.2　HOClの浸透と引張強度

図 10.7 に，表面の外観変化を伴わない 15〜30℃の条件下で HOCl が浸透した EPDM 試験片における，Cl 濃化領域の深さと引張強度の関係を示す[7]．引張強度は，Cl 濃化領域の深さが増加するとともに 30 MPa（未浸漬）から 9 MPa まで大きく低下している．このように，HOCl の浸透は EPDM の劣化を引き起こす原因となっていることがわかる．HOCl の浸透による EPDM の劣化の初期段階は，内部で劣化層の形成が進行しており，形態変化からは捉え難いことに留意すべきである．

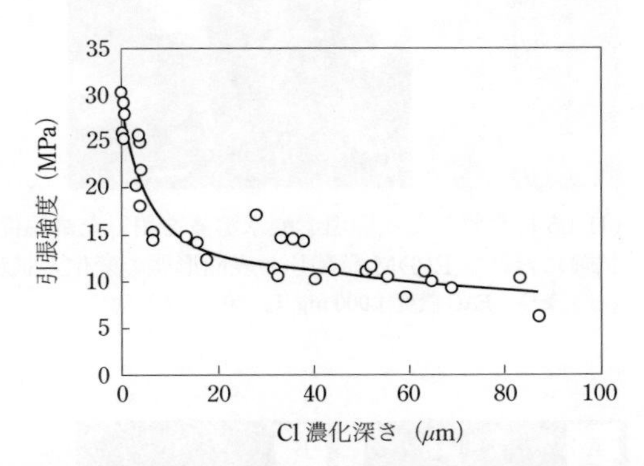

図 10.7　EPDM 試験片における Cl 濃化領域の深さと引張強度の関係[7]

10.2.3　劣化の顕在化段階

次亜塩素酸による EPDM の劣化が進行すると，表面外観の変化と組成物の脱離という現象により顕在化する．この過程での次亜塩素酸の劣化作用は，高温条件下（50℃）で次亜塩素酸水溶液の中に EPDM 試験片を浸漬する促進劣化試験により再現できる．

以下に，HOCl あるいは OCl^- がほぼ 100% となるように pH 調整した次亜塩素酸水溶液に EPDM を浸漬したときの形態変化を比較してみる．

10.2.3.1　弱酸性領域における形態変化

図 10.8 に，pH 4.5（HOCl≒100%）に調整した次亜塩素酸水溶液（1,000 mg/L）に EPDM 試験片を 50℃で 7 日間浸漬したときの表面の走査型電子顕微鏡（SEM）写真および試験液を示す[8]．未浸漬の試験片（図 10.8A）において

図 10.8　pH 4.5 に調整した次亜塩素酸水溶液を用いた高温促進劣化試験における EPDM 試験片の表面形態の変化と試験液[8)]
（浸漬条件：FAC 濃度 1,000 mg/L，50℃，7 日間）

図 10.9　pH 10.0 に調整した次亜塩素酸水溶液を用いた高温促進劣化試験における EPDM 試験片の表面形態の変化と試験液[8)]
（浸漬条件：FAC 濃度 1,000 mg/L，50℃，7 日間）

右上から左下の方向に走る筋状の模様は，プレス成型時に金型表面の研磨痕から転写されたものであり，表面の算術平均粗さ（S_a）は 0.06 μm である．

浸漬後，EPDM 表面に亀裂やふくれ（ブリスター；図 10.8B）が見られるとともに，表面の凹凸が発生し，S_a は 0.65μm まで増加する．この時，EPDM 試験片に触れても，表面にべたつきは感じられない．浸漬後の試験液は，透明な黄色を呈しており，CB の浮遊は見られない（図 10.8C）．一方，試験液の底部に数十μm 程の大きさの黒色沈殿物が観察される（図 10.8D）．これらの沈殿物は，EPDM 試験片の外周部分から脱落したゴム片と推定でき，“黒粉”を再現したものと考えられる．

10.2.3.2 アルカリ性領域における形態変化

図 10.9 に，pH 10.0（OCl^-≒100%）に調整した次亜塩素酸水溶液（1,000 mg/L）に EPDM 試験片を 50℃で 7 日間浸漬したときの表面の SEM 写真を示す[8]．

浸漬後，EPDM 表面の粗さは数値的には小さいものの（S_a =0.12μm），CB 粒子が明瞭に確認できる表面状態となる（図 10.9B）．浸漬後の EPDM 試験片の表面に触れるとべたつきがあり，乾燥前には表面からの黒色異物（CB）の移行が容易に起こる．また，試験液は濁った黒色となる（図 10.9C）．黒濁した試験液に塩酸を加え，酸性にすると液は黄色透明となり，黒色の CB 粒子あるいは CB / ゴム複合粒子が回収できる（図 10.9D）．これは，“墨汁化”を再現したものと考えられる．

10.2.3.3 HOCl と OCl^- の劣化作用

次亜塩素酸による EPDM の劣化機構は，次亜塩素酸の洗浄・殺菌作用を説明する機構と類似する点が多い．非解離型 HOCl の殺菌力を支配する微生物細胞の形質膜（リン脂質二重層）に対する膜透過性は，疎水性の EPDM 内部への浸透と類似の挙動であり，EPDM 内部における劣化層の形成の原因となる．解離型 OCl^-の洗浄力は，EPDM 分子と CB を剥離させ，水液中へ連続的に溶出・分散させる能力と考えられる．

次亜塩素酸の解離状態と温度を制御した促進劣化試験により，HOCl の作用による黒粉現象ならびに OCl^-の作用による墨汁化現象が人為的に再現できることは，EPDM の劣化機構の解明や劣化防止策を考案するための端緒として大きな助けとなる.

10.2.3.4 OCl^- の劣化作用に及ぼす OH^- の抑制効果

pH 10.0で起こった OCl^- によるEPDMの劣化作用（図10.9）は，水溶液のpHを12.0以上に高めると観察されなくなる[9]. たとえば，浸漬前のEPDMに検出された官能基はC=O基（1.3%）とCOO基（0.8%）のみであったのに対し，pH 10.0での浸漬後には，C–Cl基およびC–O基（6.9%）が新たに検出され，C=O基とCOO基の比率も約2倍に増加する．これは，表面の親水化を示す変化である．一方，pH 13.0ではC–Cl基およびC–O基は未検出となり，官能基（C=O基とCOO基）の比率は，浸漬前の比率とほぼ一致する．すなわち，OCl^- によるC=O基の塩素化反応が高濃度の OH^- の存在よって阻害されたことを明確に示している．高濃度の OH^- が OCl^- と材料との反応性を抑制する働きは，ステンレス鋼に対する OCl^- の腐食作用がアルカリ性条件下で軽減されることと類似している.

10.3 不織布と次亜塩素酸の反応性[10]

不織布ふきんは，接触する対象物が多いうえ水分を含む状態で長時間使用されることが多いことから，微生物汚染を受けやすい．そのため，次亜塩素酸水溶液（弱酸性～アルカリ性）で殺菌処理されることが多い．また，環境消毒のために不織布に次亜塩素酸水溶液を含浸させて清拭消毒する作業を行っている現場も多い.

ここでは，不織布の原材料に用いられている種々の繊維素材の原綿を用いて，種々のpHの次亜塩素酸水溶液との反応性を紹介する.

10.3.1 不織布（原綿）との反応

図10.10 に，各種不織布の原綿をpH 6.0の次亜塩素酸水溶液に浸漬（浴比は1：50，重量比）したときの，FAC濃度の変化を示す．レーヨン（R1, R2, R3）とリヨセル（合成セルロース）および綿（天然セルロース）の場合，FAC濃度の減少は相対的に早い．また，反応14日目またはFAC濃度が検出限界以下になった時点での次亜塩素酸水溶液のpHは，いずれも2.9～3.4まで低下していたことから，セルロースの酸化反応物に酸性官能基が生成したことがわかる.

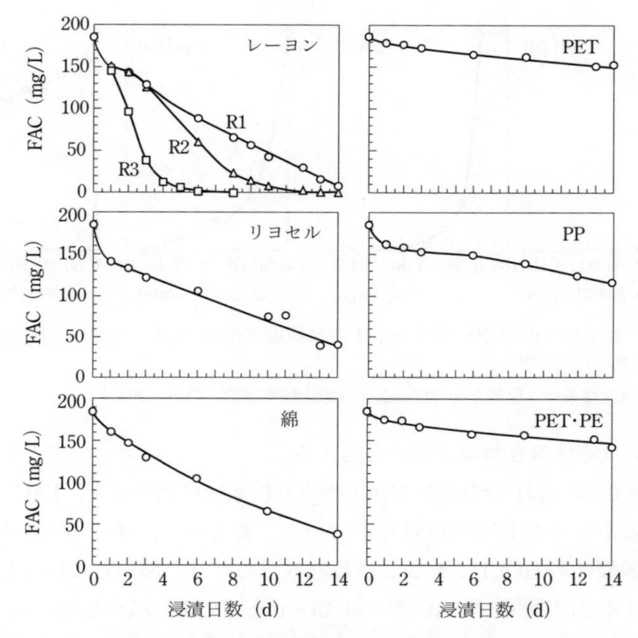

図 10.10　各種不織布の原綿を弱酸性次亜塩素酸水溶液（pH 6.0）に浸漬した時の FAC 濃度の変化[10]
（浸漬条件：原綿 2.0g/100 mL 次亜塩素酸水溶液，静置，20℃）

おそらく，C6 位の水酸基と次亜塩素酸の反応によりカルボキシル基が生成し，FAC 濃度の減少と pH の低下をもたらしたのではないかと考えられる．

合成繊維であるポリエチレンテレフタレート（PET），ポリプロピレン（PP），PET（芯）・PE（鞘）の芯鞘型原綿の場合，FAC 濃度の減少は非常に緩やかであることがわかる．特に，PET および PET・PE は反応 14 日目においても初期濃度の約 80% を維持するなど，次亜塩素酸水溶液との反応性は低いことがわかる．反応 14 日目の PET および PET・PE の次亜塩素酸水溶液の pH は 4.3 であったことから，PE 分子鎖の酸化反応物にカルボキシル基が生成したと推測される．

図 10.11 に，ナイロンの原綿を pH 6.0〜12.0 に調整した次亜塩素酸水溶液に浸漬（浴比は 1：50）したときの FAC 濃度の変化を示す．pH 6.0 における FAC 濃度の減少はきわめて速く，初期 FAC 濃度（190 mg/L）は反応 40 分後には検出限界以下に達している．ナイロンは，他の不織布素材と比較して，次亜

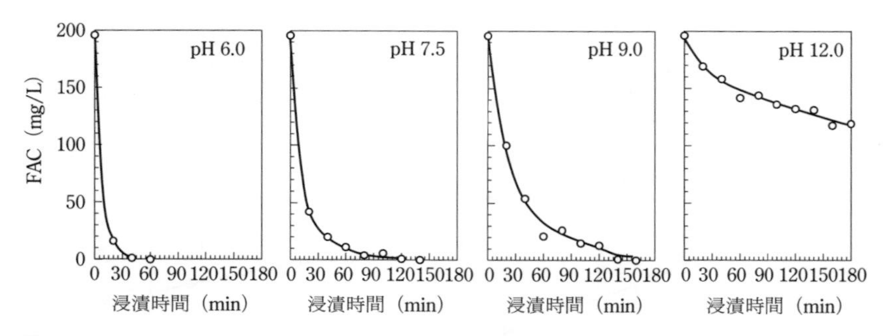

図 10.11　ナイロンの原綿を種々の pH の次亜塩素酸水溶液に浸漬した時の FAC 濃度の変化[10)]
（浸漬条件：原綿 2.0g/100 mL 次亜塩素酸水溶液，静置，20℃）

塩素酸との反応性はきわめて高いと言える．

一方，水溶液の pH を中性から強アルカリ性領域に高めると，FAC の減少速度は徐々に小さくなる現象が見られている．おそらく，ナイロンと反応しやすいのは弱酸性の HOCl であると思われる．ただし，図示していないが，pH 12.0 における 24 時間後の FAC 濃度は 13.0 mg/L にまで減少しており，他の繊維素材よりも反応性は著しく高いことに変わりはない．

ナイロン 6 は，ε–カプロラクタムが開環してアミド結合（–CO–NH–）によって重合（開環重合）した高分子である．次亜塩素酸の酸化作用は，電子密度の高いアミド結合部位を選択的に攻撃したと考えられる．ナイロンは，水回り品では研磨用の不織布タワシや各種衛生資材に使用されている素材であり，次亜塩素酸水溶液との不適合性に留意すべきである．

10.3.2　アクリル系バインダーとの反応

図 10.12 に，異なる 4 種類のアクリル系バインダー（B1〜B4）を pH 6.0 および pH 9.0 の次亜塩素酸水溶液に浸漬（浴比は 1：50）したときの FAC 濃度の変化を示す．種類によって FAC 濃度の減少速度は異なるが，B1, B2, B3 は概ね 8〜12 日で FAC 濃度は消失し，pH 9.0 の方が pH 6.0 よりも FAC 濃度の減少が速い傾向が見られている．また，反応終了時の次亜塩素酸水溶液の pH はいずれも 3.4 であった．B4 は，他のバインダーと比較すると反応性が低く，反応 14 日目の FAC 残存率は pH 6.0 で 16.0%，pH 9.0 で 24.0% となっている．

本実験では，アクリル系バインダーは固形状に加工して次亜塩素酸水溶液に

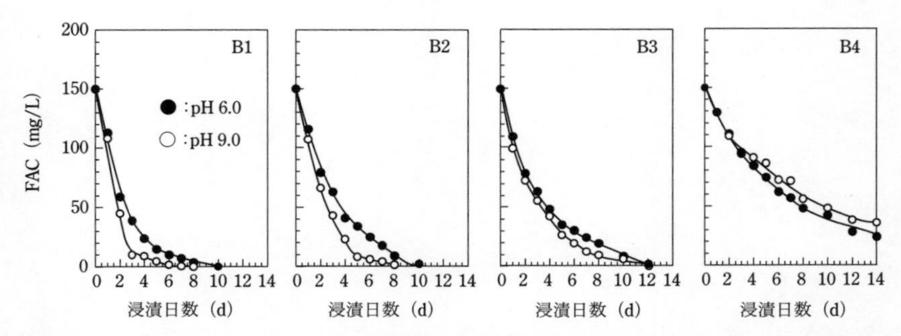

図 10.12　種々のバインダーを次亜塩素酸水溶液（pH 6.0, 9.0）に浸漬した時の FAC 濃度の変化[10)]
（浸漬条件：バインダー0.34g/100 mL 次亜塩素酸水溶液，300 rpm で撹拌，20℃）

添加して反応させており，不織布素材の原綿と比較すると接触面積がかなり小さいうえに，浴比も約 6 倍も大きい．これらを考慮すると，バインダーと次亜塩素酸水溶液との反応性は原綿よりも著しく大きいといえる．一般に，顔料の捺染（なっせん）にはアクリル酸エステル（CH_2=CHCOOR）が用いられている．アクリル酸エステルと次亜塩素酸の酸化反応では，二重結合部かエステル結合部が酸化分解されたと推測され，酸化反応物としてカルボン酸が生成し pH の低下をもたらしたのではないかと推測される．

引用・参考文献

1) Fukuzaki, S. et al.: *J. Surface Finish. Soc. Jpn.*, **54**, 1034–1042 (2003).
2) Fukuzaki, S.: In *Biofilm and Materials Science* (Kanematsu, H. and Barry, D. M. eds.), Springer International Publishing, Cham, pp. 155–162 (2015).
3) 福﨑智司 他：防衛施設学会年次フォーラム 2021, 1–8 (2021).
4) 加藤稜也 他：*J. Environ. Control Technique*, **36**, 161–167 (2018).
5) 岩蕗 仁，福﨑智司：防菌防黴，**38**, 143–148 (2010).
6) 岩蕗 仁，福﨑智司：岡山工技センター報告，第 36 号 , 39–40 (2010).
7) 福﨑智司：防菌防黴，**42**, 597–603 (2014).
8) 岩蕗 仁 他：日本ゴム協会誌，**86**, 125–132 (2013).
9) 石田拓也 他：防菌防黴，**43**, 567–570 (2015).
10) 幡野 怜 他：調理食品と技術，**23**, 103–111 (2017).

あとがき

我々人類が生命活動を営む「宇宙船地球号」には，莫大な数の微生物が自然界のあらゆる場所に生息している．当然ながら農水畜産物やヒトは無菌生物ではなく，一般細菌を含めて多くの微生物が混在し，共存している．これらの微生物の中には，ヒトの健康や工業的生産活動に有益な種属も多い．有用微生物は，醸造・発酵食品をはじめ，調味料，医薬品，酵素製剤，工業用アルコール，廃水処理，環境浄化などに利用されている．一方，ヒトの健康を害する病原性・感染性のある微生物や，食品（原材料）の腐敗・変敗をもたらす有害微生物も数多く存在する．そのため，食品製造環境や居住環境においては微生物汚染対策や感染防止対策のための微生物制御技術が必要となる．微生物を制御するとは，ヒトの健康や製品の品質に危害が及ばない範囲まで生菌数を減少させることを意味し，決して無菌状態にすることではない．

食品は，ヒトが体内に直接摂取するものゆえ，高い品質と安全を常に維持することが求められている．ここでいう安全とは，食品が異物混入のない，薬品の混入がない，そして微生物汚染のない状態をさす．HACCPは，そのための衛生管理システムである．この食品製造現場の衛生管理において，次亜塩素酸水溶液の適用範囲と活用方法は広い．次亜塩素酸は，洗浄，殺菌，漂白，脱臭剤としての理想的な要件を数多く満たしている．次亜塩素酸の特性を正しく理解して適切に使用すれば，衛生管理の強い味方になることは間違いない．

ところで，我々は日頃から2種類の殺菌剤成分を飲んでいる．1つはアルコール飲料などに含まれているエタノールである．手指消毒用アルコール（約70～80%）は濃度が高すぎて飲用不可であるが，アルコール飲料の濃度（約3～25%）であれば飲用することができる．もう一つは，水道水に含まれる極低濃度の次亜塩素酸（0.1～1.0 mg/L [(1～10)×10^{-5}%]）である．水道水の残留塩素（次亜塩素酸ナトリウムの反応残余物）は，ヒトの健康に害をもたらすことなく，微生物の増殖を抑制することができる．水道水の塩素消毒には，すでに100年の実績がある．本書で述べてきた低濃度の次亜塩素酸水溶液（10～100

mg/L）は，この水道水の残留塩素濃度を少し強化した水溶液に他ならない．

本書の企画が立てられた2020年度は，COVID-19の感染拡大によって市民生活や経済活動は計り知れない大きな打撃を受けた．これに対する予防策として，換気、手洗い、アルコール消毒、マスク、三密回避の行動が求められているが，2021年3月を迎えても感染拡大の阻止には至っていない．本書で紹介した次亜塩素酸水溶液を用いた超音波霧化噴霧や通風気化システムは，従来の防衛的対策との組み合わせが可能な微生物制御技術の一つである。

次亜塩素酸の安全で安心な利用技術には，次亜塩素酸水溶液ならびに関連機器を製造・販売する側と，購入・使用する側をつなぐ「信頼」が必要不可欠である．絶対に安全な殺菌剤などはない．適切な濃度調整と使用方法が，安全な殺菌剤の利用を生むのである．

福崎智司

索　引

ア　行

カ　行

サ 行

タ 行

ナ 行

ハ 行

マ 行

ヤ 行

ラ 行

◆ 著者略歴

福﨑　智司（ふくざき　さとし）

1964 年　広島県安芸郡府中町生まれ（本籍：鹿児島県）
1988 年　広島大学工学部醗酵工学科卒業
1991 年　広島大学大学院醗酵工学科博士課程後期修了（工学博士）
　　　　岡山県工業技術センター入所
　　　　食品工学研究室長，食品技術グループ長，研究開発部長を歴任
2005 年　岡山県立大学大学院保健福祉学研究科　准教授（兼務（2005～2011））
2012 年　岡山県立大学大学院保健福祉学研究科　教授（兼務（2012））
2013 年　三重大学大学院生物資源学研究科　教授
　　　　日本防菌防黴学会英文誌編集委員長（兼務（2017 年～））
　　　　EHEDG（European Hygienic Engineering & Design Group）公認トレーナー（兼務（2017 年～））

◆ 著　書

『オゾン利用浄化技術の実際』 共著：オゾンによる食品製造装置の表面改質と易洗浄化（1999, サンユー書房）
『食品膜技術』 共著：洗浄と装置内衛生管理（1999, 光琳）
『洗浄殺菌の科学と技術」』 共著：食品機械装置への汚れの付着と除去メカニズム（2000, サイエンスフォーラム）
『図解 最先端 表面処理技術のすべて』 共著：抗菌めっき技術（2006, 工業調査会）
『微生物管理実務と最新試験法』 共著：食品の微生物汚染とその対策（2007, 技術情報協会）
『クレーム／トラブル製品の検査・分析と発生防止ノウハウ集』 共著：食品における微生物汚染とその対策（2008, 技術情報協会）
『フレッシュ食品の高品質殺菌技術』 共著：製造機器・施設の清浄化（2008, サイエンスフォーラム）
『カット野菜品質・衛生管理ハンドブック』 共著：製造装置の汚染防止と有効な洗浄法（2007, サイエンスフォーラム）
『安心・安全・信頼のための抗菌材料』 共著：抗菌性とその評価法（2010, 米田出版）
『化学洗浄の理論と実際』 共著：化学洗浄の基礎（2011, 米田出版）
『次亜塩素酸の科学 ―基礎と応用―』（2012, 米田出版）
『食品衛生 7 S 活用事例集第 5 集』 共著：食品衛生 7S の効果を上げる躾と洗浄実践ポイントの把握（2013, 日科技連）
『Biofilm and Materials Science』 共著：Hygiene problem and food industry; Chemical cleaning（2015, Springer）
『菌・カビを知る・防ぐ 60 の知恵～プロ直伝！防菌・防カビの新常識～』 共著：菌も汚れも落としきる，正しい洗い方って？（2015, 化学同人）
『バイオフィルム制御に向けた構造と形成過程』 共著：バイオフィルム制御と洗浄技術（2017, シーエムシー出版）
『最新の抗菌・防臭・空気質制御技術』 共著：マイクロファイバークロスを用いた清拭洗浄（2019, テクノシステム）
『界面活性剤の選び方，使い方事例集』 共著：次亜塩素酸ナトリウムの洗浄・殺菌作用と界面活性剤との併用効果（2019, 技術情報協会）

食品事業者のための　次亜塩素酸の基礎と利用技術

2021 年 4 月 20 日　初版第 1 刷　発行

著　者　福 﨑 智 司
発 行 者　夏 野 雅 博
発行所　株式会社　幸 書 房
〒 101-0051　東京都千代田区神田神保町 2-7
TEL 03-3512-0165　FAX 03-3512-0166
URL　http://www.saiwaishobo.co.jp

装幀：クリエイティブ・コンセプト 江森恵子
組　版　デジプロ
印　刷　シ ナ ノ

ISBN 978-4-7821-0454-5　C3058